Stress lass nach!

Prof. Dr. Rolf van Dick promovierte in Marburg zum Dr. rer. nat. mit einer Arbeit über Stress und Arbeitszufriedenheit im Lehrerberuf. Danach war er an der Aston Business School in Birmingham als Professor für Sozial- und Organisationspsychologie tätig. Seit 2006 ist er Professor für Sozialpsychologie an der Goethe Universität Frankfurt und dort auch Direktor des Center for Leadership and Behavior in Organization (CLBO). Er veröffentlichte sieben Bücher und fast 200 Buchkapitel und Artikel in fast allen renommierten Fachzeitschriften in seinem Arbeitsfeld. Er forscht zu den Themen Führung, Stress, Diversität oder Unternehmensfusionen. Rolf van Dick hält Vorträge in Unternehmen im In- und Ausland und war Gastprofessor in Tuscaloosa (USA, 2001), auf Rhodos (2002) und in Katmandu (2009).

Rolf van Dick

Stress lass nach!

Wie Gruppen unser Stresserleben
beeinflussen

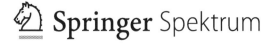

Rolf van Dick
Frankfurt, Hessen
Deutschland

ISBN 978-3-662-46572-1   ISBN 978-3-662-46573-8 (eBook)
DOI 10.1007/978-3-662-46573-8

Die Deutsche Nationalbibliothek verzeichnet diese Publikation in der Deutschen Nationalbibliografie; detaillierte bibliografische Daten sind im Internet über http://dnb.d-nb.de abrufbar.

Springer Spektrum

Planung: Marion Krämer
Zeichnungen: Carmen Egolf, Mannheim

Gedruckt auf säurefreiem und chlorfrei gebleichtem Papier

Springer Berlin Heidelberg ist Teil der Fachverlagsgruppe Springer Science+Business Media
(www.springer.com)

Vorwort

Nils Minkmar, der Feuilletonchef der FAZ, schrieb 2012 unter dem Titel: „Die große, große Müdigkeit" über das Phänomen Burnout. Er meint:

Ausgebrannt zu sein ist heute kein persönliches Schicksal mehr, sondern ein gesellschaftliches. Es rührt von einem System her, das die Kosten historischer Umbrüche immer nur auf denselben Schultern ablädt. (…) Es vergeht kein Tag, in dem nicht ein Artikel über Burnout in Zeitungen und Magazinen erscheint. Dabei wird er immer als ein privates Problem besprochen, werden gute Ratschläge zu seiner Vermeidung oder Linderung gegeben, die alle auf der Ebene der persönlichen Lebensgestaltung liegen. Zauberformeln werden offenbart: Work Life Balance und Entschleunigung, digitale Abstinenz und Fokussierung auf das Wesentliche. Als wäre das so einfach. Burnout wird einerseits in all seinen dramatischen und zerstörerischen Konsequenzen beschrieben, als eine Krankheit die lebensbedrohlich ist, die „Kassen Milliarden kostet" und unbedingt ernst zu nehmen ist, die Mittel dagegen aber sind immer rein privat. Als würde man den Arbeitern einer Asbestfabrik empfehlen, zu Hause besser Staub zu wischen, um ihre Lungen vor Krebs zu schützen.

Minkmar beklagt zu Recht, dass Stress und Burnout fast ausschließlich auf der Ebene des einzelnen Menschen behandelt werden, obwohl die Ursachen letztlich im System liegen, d. h. in den gesellschaftlichen, wirtschaftlichen und politischen Verhältnissen. Der Einzelne wird in eine Kur, in einen Entspannungskurs oder zur Rückenschule geschickt und damit wieder arbeitsfähig gemacht. Bekämpft werden also die Symptome, aber nicht die Ursachen. Leider bietet Minkmar keine alternative Lösung an, sondern kommt lediglich zu dem Schluss, dass die jetzige Situation bei vielen zu Wut und Ärger führe und diejenigen dann lautstark das „System" beschimpfen würden. Aber ist dies die Lösung?

Sollen wir etwa auf die vielen Trainings- und Fitnessange-
bote von Volkshochschulen und betrieblichem Gesund-
heitswesen verzichten und stattdessen einfach darauf war-
ten, dass sich im System etwas verändert?

Ich glaube nein. Der Arbeiter in der Asbestfabrik tut gut
daran, sich einigermaßen gesund zu ernähren, auf regelmäßige Bewegung zu achten und vor allem das Kettenrauchen
einzustellen. Wer die individuellen gesundheitsfördernden
Angebote nutzt, stärkt sein persönliches Wohlbefinden und
seine Widerstandskraft. Das ist nicht schlecht und liegt angesichts eines trägen Systems auch in der Verantwortung
jedes Einzelnen. Das „System" jedoch, also ungesunde
Arbeitsbedingungen, Arbeitsverdichtung, schlechte Ent-
lohnung oder inkompetente Führungskräfte, darf nicht ignoriert werden, sondern muss als eigentliche Ursache klar
benannt werden. Aber auch wenn der Einzelne in der Verantwortung steht, schonend mit sich umzugehen – er (oder
sie) wird das System nicht ändern. Das muss auf anderer
Ebene geschehen.

Was wir jedoch machen können, ist, uns einer „Zwi-
schenebene" zuzuwenden, den Kolleginnen und Kollegen,
mit denen wir täglich zusammenarbeiten. Im Team können wir die unmittelbaren Belastungen besser schultern.
Wir können uns gegenseitig helfen und unterstützen. Wir
können auch gemeinsam aufstehen und versuchen, die Arbeitsbedingungen zu verändern oder dem inkompetenten
Vorgesetzten gemeinsam einmal die Meinung sagen. Der
Einzelne tut sich schwer, gemeinsam sind wir aber stark.
Und genau darum wird es in diesem Buch gehen.

In den ersten beiden Kapiteln werde ich einige theoretische Grundlagen zur Stressforschung und die Theorie der

sozialen Identität erläutern. Henri Tajfel, der Begründer dieser Theorie, war polnischer Jude und kam als französischer Soldat in Kriegsgefangenschaft. Seine gesamte Familie wurde Opfer des Holocaust. Nach dem Krieg studierte er Psychologie in Brüssel und Paris; danach ging er nach England, wo er zunächst in Oxford und danach bis zu seinem frühen Tod in Bristol arbeitete. Die Theorie der sozialen Identität beschäftigt sich mit der Frage, wie es zu Konflikten zwischen Gruppen kommen kann, die im Extremfall sogar bis zum Versuch, die anderen zu vernichten, eskalieren können, und welche Möglichkeiten Menschen unterlegener Gruppen haben, mit ihrem niedrigen Status umzugehen. Dabei galt Tajfels Interesse den Benachteiligten, die oft in der Gesellschaft – die Wissenschaft eingeschlossen – keine Stimme haben. Deshalb habe ich mir diese Theorie seit vielen Jahren zu eigen gemacht und versuche sie anzuwenden, wo immer sinnvoll und möglich.

Ich möchte mit diesem Buch mehrere Ziele verfolgen. Zum einen hoffe ich Ihnen, liebe Leserin und lieber Leser, nahezubringen, dass uns die Theorie der sozialen Identität in der Tat dabei hilft, Stress besser zu verstehen und mit Stress besser umzugehen. Zum zweiten möchte ich zeigen, wie viel Freude Forschung macht und wie kreativ Psychologen dabei sein können, sich gute Forschungsansätze und -methoden auszudenken. Ich werde Ihnen schildern, auf welch clevere Weise man Menschen im Labor unter Stress setzen kann. Ich werde Ihnen den Eiswassertest und den Trierer Stresstest erläutern. Wir werden miteinander ins Theater und ins Gefängnis gehen und ich werde Ihnen von Studien mit Bombenentschärfern, Lehrern oder Callcenteragenten erzählen. Dabei werde ich Sie auch mit einigen Grundbegriffen der Forschung vertraut machen und in Infoboxen erklären, wozu man überhaupt Experimente braucht, was ein Mediator ist oder wie man die Stimmung messen kann. Forschung ist spannend und wichtig – aber noch wichtiger ist eine gute Theorie. Vor allem im letzten Kapitel werde ich Ihnen einige aus der Theorie abgeleitete Tipps geben, wie man die Identität von Gruppen stärken und dadurch den Gruppenmitgliedern helfen kann, mit Belastungen besser umzugehen. Jede und jeder von Ihnen kann morgen anfangen – bei sich selbst und bei einer oder mehreren der Gruppen, denen Sie alle angehören. Ich würde mich freuen, wenn es gelänge!

Frankfurt im Februar 2015   Rolf van Dick

Inhalt

1
Stress liegt im Auge des Betrachters: Eine kleine Geschichte der Stressforschung

Der Stressreport 2012 (Lohmann-Haislah 2012), für den über 17.000 abhängig Beschäftigte von der Bundesanstalt für Arbeitsschutz und Arbeitsmedizin befragt wurden, zeigt auf einen Blick: Viele Berufstätige sind stark gefordert. Über 40 % der Befragten geben an, bei der Arbeit häufig gestört zu werden, etwa die Hälfte klagt über starken Termin- und Leistungsdruck und fast 60 % sagen, sie müssten häufig verschiedene Arbeiten gleichzeitig erledigen. Aber sind die deutschen Arbeiter und Angestellten deshalb auch gestresst, werden krank und leiden unter Burnout (s. Box 1.1)? Nicht unbedingt. Der Stressreport zeigt nämlich sehr viel geringere Zustimmungswerte für Belastungen an, d. h., auf die Frage, ob Störungen bei der Arbeit belastend seien, antwortet nur ca. jeder Dritte mit Ja. Weniger als 40 % der Befragten fühlen sich durch Termin- und Leistungsdruck belastet und weniger als jeder Fünfte gibt Belastungen durch das gleichzeitige Ausführen mehrerer Arbeiten an.

Während also sehr viele Menschen in dieser und ähnlichen Umfragen angeben, dass ihre Arbeit sie mit einer Reihe von Faktoren konfrontiert, die potenziell belastend sein könnten, berichten sehr viel weniger Menschen, tatsächlich auch davon belastet zu sein. Die meisten können also mit den Anforderungen im Beruf umgehen. Was sind aber die Faktoren, die dazu führen, dass bei objektiv vielleicht gleicher Beanspruchung der eine Mensch krank wird und der andere nicht?

Box 1.1 Was ist eigentlich ein Burnout?

Der Begriff Burnout ist in aller Munde und fast so etwas wie eine Modediagnose geworden. In bestimmten Berufen scheint Burnout auch sozial eher akzeptiert zu sein als z. B. die Diagnose einer Depression. Aber was genau ist eigentlich Burnout? Herbert Freudenberger hat den Ausdruck Burnout 1974 zum ersten Mal verwendet. Weiterentwickelt wurde er von Christine Maslach, die auch maßgeblich zu diesem Thema geforscht hat (Maslach 1982). Freudenberger war Therapeut und Psychiater; er beobachtete bei seinen Patienten aus helfenden Berufen (Lehrer, Krankenpflegepersonal, Sozialarbeiter etc.), dass gerade bei denjenigen, die sich anfänglich sehr in ihrem Beruf engagieren, Gefühle von Resignation und Leere, Erschöpfungszustände und andere psychische und physische Störungen auftreten können. Heute ist man sich darüber einig, dass Burnout auch in anderen Berufen vorkommen kann; so wurde er z. B. häufig bei Managern beschrieben. Burnout ist nach Maslach und Jackson (1981), die die wohl gebräuchlichste Burnoutskala entwickelt haben, ein Syndrom, das aus drei Komponenten besteht: aus emotionaler Erschöpfung, Depersonalisierung und reduzierter persönlicher Leistungsfähigkeit.

* Emotionale Erschöpfung ist das Gefühl der emotionalen Überforderung. Der Betroffene sieht seine emotionalen Ressourcen erschöpft und glaubt, anderen nichts mehr geben zu können. Diese Empfindungen der mangelnden Fähigkeit zu Mitleid und Empathie sind begleitet von Frustrationen und Spannungsgefühlen. Ein häufiges Symptom ist die Angst vor dem nächsten Arbeitstag.

- Depersonalisierung zeigt sich in negativen, zynischen und herzlosen Einstellungen gegenüber den Klienten. Die Klienten werden insgesamt eher als Objekte denn als Persönlichkeiten betrachtet und behandelt. Sichtbare Anzeichen dieser Komponente sind unpersönliche Bezeichnungen für Patienten (z. B. „der Blinddarm auf Zimmer 20"), Rückzug durch verlängerte Pausen oder ausgedehntes Plaudern mit Kollegen.
- Reduzierte persönliche Leistungsfähigkeit bezeichnet das Gefühl, die Tätigkeit nicht mehr länger effektiv und verantwortlich ausführen zu können. Dabei spielt die negative Selbstbewertung eine zentrale Rolle, d. h., man gibt die Schuld nicht der Organisation (die z. B. die Überstunden, hohen Klientenzahlen etc. zu verantworten hat), sondern sieht hauptsächlich das eigene Versagen.

1.1 Ist Stress für jeden gleich? Frühe Stresstheorien und das Stressmodell von Richard Lazarus

Zu Beginn der wissenschaftlichen Stressforschung in den 1930er-Jahren ging der österreichisch-kanadische Arzt Hans Selye (1936) davon aus, dass jeder Mensch nur bis zu einer bestimmten Grenze mit Stress und Belastungen umgehen kann. Auf eine Belastung folgt automatisch eine Alarmreaktion wie Gänsehaut oder erhöhter Blutdruck. Daran schließt sich die Widerstandsphase an, die durch Anpassungsreaktionen des Organismus gekennzeichnet ist. Beim Menschen werden z. B. die Verdauungsprozesse heruntergefahren, damit der Körper mit den gesteigerten Anforderungen besser umgehen kann. Dauert die Belastung zu lange an, kommt es zur Erschöpfungsphase. Das Immunsystem bricht zusammen und der Mensch wird krank. Obwohl bereits Selye forderte, Stress differenziert zu betrachten, und zwischen „gutem" (Eu-)Stress und schlechtem (Dis-)Stress trennte, wurde sehr lange nicht wirklich zwischen den Formen von Belastungen unterschieden. So entwickelten in den 60er- und 70er-Jahren des letzten Jahrhunderts die Psychiater Holmes und Rahe (1967) eine Stressskala, die bestimmten Lebensereignissen Belastungswerte zuordnet. Danach ist der Tod des Lebenspartners mit 100 Punkten das am meisten belastende Ereignis. Auch eine Scheidung (65 Punkte) oder der Tod eines Angehörigen (63 Punkte) sind eindeutig negative und belastende Ereignisse. Allerdings erreichen auch eigentlich positive Ereignisse wie eine Heirat (50 Punkte) oder ein Familienzuwachs (39 Punkte) durchaus hohe Stresswerte auf der Skala, weil sie nach Holmes und Rahe das bisherige Leben einschneidend verändern und vom Organismus ebenfalls Anpassungsleistungen an die neue Situation fordern.

Bahnbrechend war die Veröffentlichung des transaktionalen Stressmodells des Psychologen Richard Lazarus (1991; Lazarus und Folkman 1984). Lazarus und seine Mitarbeiter haben eine im Grunde recht einfache Theorie entwickelt, die in Abb. 1.1 dargestellt ist; seine Thesen besitzen bis heute Gültigkeit (z. B. Blascovich et al. 2011). Gegenüber den vorangegangenen Ansätzen wird Stress zum ersten Mal als eine Wechselwirkung zwischen der Person und der Situation betrachtet. Ob eine bestimmte Situation dann tatsächlich Stress auslöst, hängt nach Lazarus weniger von den objektiven Merkmalen der Situation ab, sondern vielmehr von der subjektiven Einschätzung der Person. Konkret hängt nach dieser Theorie die Auswirkung einer potenziell belastenden Situation von der Beantwortung zweier Fragen ab. Die erste Frage, das *primary appraisal* bzw. die erste Bewertung, ist, ob der Stressor als irrelevant oder potenziell gefährlich eingeschätzt wird. Wird eine Situation als potenziell gefährlich eingestuft, kann sie als eine mehr oder weniger positive Herausforderung angesehen oder aber als Bedrohung interpretiert werden.

In der nächsten Stufe, der zweiten Bewertung (*secondary appraisal*), fragt sich das Individuum, ob es mit der potenziell bedrohlichen Situation umgehen kann. Dazu muss der Betreffende für sich klären, ob er über die notwendigen Ressourcen verfügt oder solche aktivieren kann, um die Situation zu bewältigen – diese Bewältigung wird Coping (von engl. to cope) genannt. Man könnte der Situation z. B. ausweichen und sich ihr durch Flucht entziehen oder versuchen, sie aktiv anzugehen und zu lösen.

Eine Lehrerin, die eine Klasse unkonzentrierter Kinder unterrichtet, wird dies vielleicht in der ersten Bewertungsstufe als Herausforderung ansehen und ihren Unterricht interessanter gestalten, ohne darunter körperlich zu leiden. Dagegen wird sie eine Gruppe sehr aggressiver Schüler

Abb. 1.1   Das transaktionale Stressmodell

vielleicht eher als potenziell bedrohlich einschätzen. Ob sie aber Stressreaktionen zeigt, hängt zum einen davon ab, wie sie in der zweiten Bewertungsphase ihre Bewältigung ähnlicher Situationen in der Vergangenheit einschätzt (gut oder schlecht) und zum anderen davon, ob sie über Handlungsalternativen verfügt, die ihr jetzt helfen, die Lage zu meistern (oder nicht). Ein und dieselbe Situation – die aggressiven Schüler – wird also je nach Vorerfahrungen und Ressourcen von dem einen Lehrer als bedrohlich und nicht zu bewältigen wahrgenommen, von einem anderen Lehrer als weniger bedrohlich und gut beherrschbar. Der erste Lehrer wird, wenn die Situation regelmäßig vorkommt, eher darunter leiden und krank werden, der letztgenannte wird vielleicht sogar daran wachsen, indem er z. B. ständig innovative Methoden entwickelt, die seinen Unterricht bereichern.

Grob unterscheiden kann man drei Arten von Bewältigung, nämlich das problemorientierte, das emotionsorientierte und das bewertungsorientierte Coping. Am wirkungsvollsten ist das problemorientierte Coping. Dabei versucht man, sich neue Informationen zu beschaffen, um das Problem zu lösen; man geht das Problem aktiv an, sucht sich ggf. Hilfe von außen usw. Gelingt dies nicht oder ist es nicht möglich (z. B. wenn ein Angehöriger gestorben ist), kann auch das emotionsorientierte Coping wirkungsvoll sein, indem man versucht, mit den traurigen Gedanken fertig zu werden oder die durch die Situation hervorgerufene Erregung abzubauen. Das bewertungsorientierte Coping, das Lazarus auch als dritte Bewertungsstufe (*re-appraisal* oder Neubewertung) bezeichnet, kann z. B. dadurch erfolgen, dass eine zunächst als potenziell gefährlich eingeschätzte

Situation („ich muss vor dem Vorstand eine Präsentation halten und wenn ich versage, bin ich meinen Job los") um-interpretiert wird in eine Herausforderung („ich darf vor dem Vorstand präsentieren und auch wenn es in die Hose geht, wird das eine ganz wichtige Erfahrung, aus der ich nur lernen kann").

Wir werden später auf das Stressmodell noch einmal zu-rückkommen und es um eine soziale Komponente erwei-tern. Einen Hinweis auf die Rolle einer solchen sozialen Komponente und darauf, warum zwar viele Befragte stres-sige Arbeitsanforderungen erleben, sich aber davon nicht gleich belastet fühlen, liefert wieder der schon oben zitierte Stressreport: Die Hälfte aller Befragten erlebt immer oder fast immer Unterstützung durch den unmittelbaren Vor-gesetzten und 70 % fühlen sich gut durch die Kolleginnen und Kollegen unterstützt.

Ein gutes Miteinander und gegenseitige Unterstützung im Team, das werde ich in diesem Buch immer wieder zei-gen, ist eine ganz wichtige Ressource, um mit den Anfor-derungen, die die moderne Arbeitswelt mit sich bringt, um-zugehen. Aber was ist die Voraussetzung für das Geben, das Nehmen und auch die richtige Interpretation von Unter-stützung am Arbeitsplatz? Eine starke Identität. Einen gro-ßen Teil unserer Identität beziehen wir aus den Gruppen, denen wir angehören; sie bestimmen unser Denken, Fühlen und Verhalten.

Und in diesem Sinne kann je nach Gruppe ein und das-selbe Phänomen völlig anders erlebt werden. Nehmen Sie die Freizeit-Volleyballmannschaft, die sich am Dienstag-abend zum Training trifft. Die Spieler beginnen mit einem kleinen Waldlauf, üben dann etwas Technik, diskutieren Strategien für das nächste Spiel und powern sich anschließend bei einem Spielchen vier gegen vier völlig aus. Nass geschwitzt und erschöpft sitzen sie danach noch bei einem Glas Bier zusammen. Glauben Sie, dass einer der Spieler das gerade Erlebte als Stress bezeichnen würde? Vermutlich nicht – Sie werden eher sagen, dass das eine sehr gesunde Form ist, körperliche Bewegung und soziale Aktivität in idealer Weise zu kombinieren.

Stellen Sie sich nun eine der erwähnten Personen am nächsten Morgen vor. Die Person hat etwas verschlafen, schmiert sich hektisch ein Frühstücksbrot und eilt im Laufschritt zur Bushaltestelle. Der Bus braucht ein wenig länger und wieder muss unsere Person fast rennen, um es noch pünktlich zur Arbeit zu schaffen. Nass geschwitzt und bereits am Morgen erschöpft sitzt sie in der ersten Besprechung und trinkt mit den Kollegen eine Tasse Kaffee. Die gleiche physiologische Erregung (vom Laufen), den Schweiß und das Gefühl, ausgepowert zu sein, würden wir in diesem Fall wahrscheinlich eher als Stresserlebnis und weniger als gesunde Bewegung bezeichnen.

In ähnlicher Weise können wir auch Teams und Gruppen bei der Arbeit vergleichen. Die eine Gruppe ist ein echtes Team von Kollegen, die sich gegenseitig unterstützen und absichern – die andere Gruppe ist eine Ansammlung von Individuen, die nur das Erreichen ihrer jeweiligen Einzelziele im Sinn haben. Welche dieser beiden Gruppen würde wohl den Verlust eines Projektes, einen unangenehmen Kunden oder einen neuen Wettbewerber als bedrohlich und stressend erleben und welche Gruppe würde dies als Herausforderung ansehen, aus deren Bewältigung man lernen und daran wachsen kann? Um diese Frage gut beantworten zu können, wollen wir uns im folgenden Kapitel die Theorie der sozialen Identität anschauen.

Literatur

Blascovich, J., Mendes, W. B., Vanman, E., & Dickerson, S. (2011). *Social psychophysiology for social and personality psychology*. London: Sage.

Freudenberger, H. J. (1974). Staff-burn-out. *Journal of Social Issues, 30,* 159–165.

Holmes, T. H., & Rahe, R. H. (1967). The social readjustment rating scale. *Journal of Psychosomatic Research, 11,* 213–218.

Lazarus, R. S. (1991). *Emotion and adaptation*. New York: Oxford University Press.

Lazarus, R. S., & Folkman, S. (1984). *Stress, appraisal, and coping*. New York: Springer.

Lohmann-Haislah, A. (2012). *Der Stressreport Deutschland 2012*. Dortmund: Bundesanstalt für Arbeitsschutz und Arbeitsmedizin.

Maslach, C. (1982). *Burnout – The cost of caring*. Englewood Cliffs: Prentice Hall.

Maslach, C., & Jackson, S. E. (1981). The measurement of experienced burnout. *Journal of Occupational Behaviour, 2,* 99–113.

Selye, H. (1936). A syndrome produced by diverse nocuous agents. *Nature, 138,* 32.

2

Gemeinsam sind wir stark!?

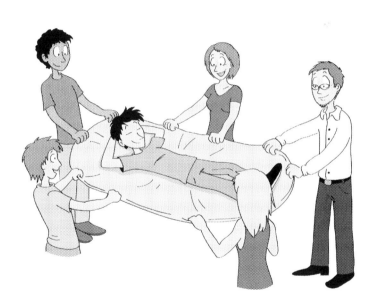

2.1 Die Theorie der sozialen Identität

Die Studien, die in diesem Buch dargestellt werden, basieren auf dem sog. Social Identity Approach – ein Ansatz, der zwei wichtige sozialpsychologische Theorien, nämlich die Theorie der sozialen Identität (Tajfel und Turner 1979) und die Selbstkategorisierungstheorie (Turner et al. 1987), miteinander verknüpft. Der Social Identity Approach (s. Haslam 2004, für eine sehr gute Übersicht) besagt, dass ein qualitativer Unterschied existiert zwischen einem Verhalten, das auf unserer personalen Identität, unserem „Ich", beruht, und einem Verhalten, das auf unserer gemeinsamen, sozialen Identität, dem „Wir" aufbaut. Dies ist ein *qualitativer* Unterschied, d. h. nicht nur ein leichter gradueller Unterschied, sondern ein fundamentaler Unterschied. Wir verhalten uns, wenn wir uns als einzelnes „Ich" definieren, (zumindest meistens) komplett anders als wir uns verhalten, wenn wir uns als Gruppenmitglieder begreifen.

Schauen wir uns z. B. eine Ansammlung von Menschen am Mainufer in Frankfurt an. Stellen Sie sich sieben oder acht Menschen vor, die gerade am Main entlanglaufen und sich als Individuen ansehen. Jeder von ihnen ist eine einzelne Person mit ganz persönlichen Stärken und Schwächen und jeder von ihnen begreift sich als „Ich" im Unterschied zu den anderen Menschen, die da am Main umherlaufen – hier sind dann besonders die Unterschiede wichtig und man achtet vielleicht darauf, wer jung ist und wer alt, wer moderner oder altmodischer gekleidet ist, wer Mann ist und wer Frau usw. Sobald jetzt aber eine bestimmte soziale Identität, z. B. „wir Frankfurter" im Unterschied zu „die Offenbacher " oder „wir Deutsche" gegenüber „die Ausländer" salient, d. h. im Moment wichtig und bedeutsam wird, wirkt sich diese Identität auf eine Reihe von sozialen und vor allem organisationalen Verhaltensweisen und Einstellungen aus. Nun werden auf einmal die Unterschiede *innerhalb* der Gruppen subjektiv kleiner und die Unterschiede *zwischen* den Gruppen werden besonders deutlich, manchmal auch übertrieben. Und das Verhalten orientiert sich an den Normen und Zielen der Gruppe.

Das ist der qualitative Unterschied – sobald diese Identität aktiviert ist, wirkt sich das auf unser Erleben und Verhalten aus. Eine Gruppe von Studierenden auf dem Weg zu einer Lehrveranstaltung ist zunächst eine Ansammlung einzelner Menschen mit individuellen Eigenschaften, wie Größe, Geschlecht, Studienschwerpunkt, Unterschieden im Fachwissen usw. Im Hörsaal angekommen wird die Gruppe vom Dozenten, der einer anderen Gruppe angehört, nämlich der Gruppe der Lehrenden, sofort eher homogener wahrgenommen, z. B. verschwinden die Unterschiede im Alter, weil aus Sicht des 50-jährigen Dozenten Unterschiede zwischen einem 20- und einem 27-jährigen Studierenden völlig belanglos sind – was aus der subjektiven Sicht der Betroffenen natürlich ganz und gar nicht der Fall ist. Die Angehörigen beider Gruppen – also der Dozent und die Studierenden – verhalten sich in der Situation auch jeweils entsprechend der Regeln, die für sie gelten. Der Dozent wird sich kaum im Rapperoutfit in den Hörsaal stellen und anfangen, Musik zu machen, die Studierenden kommen in der Regel nicht in Schlips und Anzug in die Uni, aber auch nicht in dem knappen Kleid, das die Studentin vielleicht am Abend vorher auf der Party noch völlig angemessen fand usw.

Jeder verhält sich also sehr häufig als Gruppenmitglied, auch wenn dies den Beteiligten gar nicht immer bewusst ist. Stellen Sie sich vor, dass es zu Beginn der Vorlesung um Fragen zur anstehenden Klausur geht: Nun treten die unterschiedlichen Interessen der beiden Gruppen besonders deutlich hervor und damit werden die Unterschiede zwischen den Gruppen weiter betont und innerhalb der

Gruppen reduziert (*jeder* Student will eine leichte Klausur; *alle* Dozenten wollen möglichst streng bewerten), auch wenn dies in der Wirklichkeit gar nicht unbedingt der Fall ist. Bislang spielte in unserem Beispiel das Geschlecht von Dozent und Studierenden keinerlei Rolle. Nehmen Sie nun an, der Dozent würde beginnen, einen sexistischen Witz zu erzählen. Sofort würden sich die Frauen unter den Studierenden verbünden und „Buh" rufen – vielleicht würden sich die männlichen Studierenden dann aber sogar mit dem Dozenten solidarisch zeigen. Sobald also die Identität Geschlecht salient wird, wirkt sich diese auf die Einstellungen und Verhaltensweisen der Beteiligten aus, d. h., die Frauen fühlen und handeln wie Frauen und die Männer wie Männer – mehr oder weniger unabhängig davon, ob der Witz lustig oder politisch inkorrekt ist.

Allgemeiner gesagt: Wenn Menschen eine gemeinsame Identität teilen und diese Identität bedeutsam wird, dann fangen wir an, uns als relativ austauschbare Mitglieder dieser Kategorie oder Gruppe zu sehen. Wir haben eine gemeinsame Perspektive und gleiche Überzeugungen, wir koordinieren unser Verhalten so, dass es im Einklang mit den Gruppennormen steht, und wir arbeiten gemeinsam in Hinblick auf die Ziele und Interessen der Gruppe.

2.2 Wie kann man „soziale Identität" messen?

Wie können wir feststellen, ob die soziale Identität salient, also situativ wichtig, ist? Wie können wir herausfinden, ob Frankfurter-sein, Mann-sein usw. jeweils bedeutsam für die

Menschen im Allgemeinen oder in einer bestimmten Situation ist?

In vielen Studien, aber auch in Mitarbeiterbefragungen in Unternehmen bittet man die Beteiligten, sich eine Reihe von Aussagen durchzulesen und diesen dann z. B. auf einer fünfstufigen Skala (mit den Endpunkten „trifft auf mich überhaupt nicht zu" bzw. „trifft auf mich voll und ganz zu") zuzustimmen. Es gibt Skalen, die sich eher für Feldstudien eignen, also für Studien, die nicht im Labor, sondern im „Feld" (z. B. in einem Unternehmen) gemacht werden und die die Teilnehmer in Bezug auf die Identifikation mit ihrer Firma oder ihrem Team befragen. Die am häufigsten eingesetzte Standardskala dazu wurde von den US-amerikanischen Wissenschaftlern Fred Mael und Blake Ashforth (1992) entwickelt. Sie enthält die folgenden Aussagen (wenn Sie sich die Aussagen durchlesen, fragen Sie sich doch selbst einmal, wie sehr Sie ihnen zustimmen würden):

- Wenn jemand meine Firma kritisiert, empfinde ich das als persönliche Kränkung.
- Wenn ich von meinem Unternehmen spreche, rede ich gewöhnlich von „wir" statt „sie".
- Ich interessiere mich dafür, was andere über meine Firma denken.
- Ich betrachte die Erfolge meiner Organisation als persönliche Erfolge.
- Wenn jemand mein Unternehmen lobt, empfinde ich das als persönliches Lob.
- Wenn meine Organisation in den Medien kritisiert würde, wäre ich beschämt.

Wie man sieht, wird mit diesen Fragen die längerfristige Bindung an Gruppen erfasst. Anstelle von Firma, Unternehmen oder Organisation kann man auch „mein Team" oder „meine Abteilung" einsetzen. Entsprechend kann man ebenso die Berufsgruppe („wenn jemand den Beruf des Lehrers kritisiert…"), das Studienfach oder die Universität, an der man studiert, als Ziel der Identifikation nehmen. Ich werde in diesem Buch aber auch Studien darstellen, in denen sich die Teilnehmer, z. B. bei Laborstudien, noch nicht lange kennen und deshalb nicht wissen können, wie sie „normalerweise" von der Gruppe sprechen. Für diese Untersuchungen wird daher eine etwas andere Skala von dem niederländischen Psychologen Bertjan Doosje et al. (1995) verwendet:

* Ich identifiziere mich mit dieser Gruppe.
* Ich sehe mich als Mitglied dieser Gruppe an.
* Ich bin froh, in dieser Gruppe zu sein.
* Ich fühle mich den anderen Mitgliedern dieser Gruppe verbunden.

Es gibt noch eine ganze Reihe anderer Skalen und Fragebögen zur Messung von Identifikation. Einige gehen dabei grafisch vor und fragen die Teilnehmer nach der Überlappung der eigenen Person mit der Gruppe, andere Forscher benutzen lediglich eine einzige Frage („ich identifiziere mich mit meiner Gruppe") und in manchen Studien wird ausgezählt, wie oft die Teilnehmer tatsächlich „ich" (bzw. mich, meine etc.) vs. „wir" (bzw. uns, unser etc.) sagen, wenn sie von ihrer Gruppe oder ihrem Beruf sprechen. Ich selbst habe mit Kollegen ein Verfahren entwickelt, das die

Identifikation mit mehreren sog. Foki (z. B. Team, Beruf, Organisation, Abteilung, Netzwerk) gleichzeitig in Form einer Tabelle und in verschiedenen Dimensionen erfassen kann (van Dick et al. 2004). Diese Dimensionen sind das Denken (kognitiv: „Ich sehe mich als Mitglied der Gruppe"), Fühlen (affektiv: „Ich bin gerne Mitglied dieser Gruppe"), Bewerten (evaluativ: „Meine Gruppe wird von anderen positiv bewertet") und Handeln (behavioral: „Für meine Gruppe engagiere ich mich auch über das notwendige Maß hinaus").

Postmes et al. (im Druck) schlagen z. B. vor, für kurze Befragungen, in denen man für viele Aussagen wie die obigen keinen Platz hat, nur ein Item zu verwenden, nämlich „Ich identifiziere mich mit [Name der Gruppe]". Sie bringen empirische Belege dafür, dass diese eine Aussage durchaus valide ist, da genau hiermit die Essenz dessen, was man unter Identifikation versteht, erfasst werden kann. Ähnlich kann man Identifikation auch mit sog. Venn-Diagrammen erfassen, wie dies Bergami und Bagozzi (2000) getan haben. Dabei werden die Befragten gebeten, sich die verschiedenen Kreise in Abb. 2.1 anzusehen, und dann mit den Buchstaben A-H anzugeben, welche Konstellation ihre Beziehung zwischen sich selbst und (beispielsweise) ihrem Unternehmen am besten wiedergibt. Welche Kombination würden Sie selbst wählen? Sehen Sie sich und Ihr Unternehmen oder Team als stark überlappend an oder eher nicht?

Letztlich ist es gleichgültig, welche dieser Verfahren genommen werden; manche eignen sich, wie gesagt, eher für das Feld, andere eher für Laborstudien. Einige sind dann sinnvoll, wenn man mehrfach in einer Längsschnittstudie messen möchte. Längsschnittstudien können über mehre-

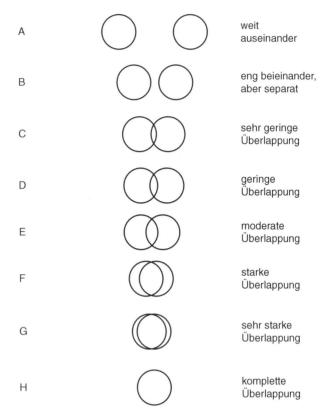

A — weit auseinander

B — eng beieinander, aber separat

C — sehr geringe Überlappung

D — geringe Überlappung

E — moderate Überlappung

F — starke Überlappung

G — sehr starke Überlappung

H — komplette Überlappung

Abb. 2.1 Venn-Diagramm zur Erfassung von Identifikation mit der Gruppe

re Tage, Wochen, manchmal sogar Jahre gehen und man fragt in ihnen immer wieder nach den gleichen Konzepten – in diesem Fall sollten eher kurze Skalen benutzt werden. Wieder andere Verfahren bieten sich an, wenn man sich gleichzeitig für verschiedene Aspekte interessiert. Die Forschung konnte zeigen, dass alle Varianten die Identifikation zuverlässig messen können, d. h., sie unterscheiden gut zwischen solchen Gruppenmitgliedern, die sich stark über ihre Gruppenmitgliedschaft beschreiben, und denjenigen, die dies nur schwach tun oder gar nicht.

Denken Sie einmal an die Gruppen, denen sie selbst angehören, z. B. die Firma, in der Sie arbeiten, oder die Sportmannschaft, die Sie unterstützen. Würden Sie Aussagen wie den oben dargestellten eher stark zustimmen? Ist es wichtig für Sie, dass Sie genau in Ihrem jetzigen Unternehmen Ihr Geld verdienen oder könnte es auch ein beliebiges anderes sein? Machen die Erfolge Ihrer Abteilung Sie selbst stolz? Wenn ja, sind Sie ein stark identifiziertes Mitglied Ihrer Abteilung. Bedeutet dies aber tatsächlich etwas für Ihr Denken, Fühlen und Handeln? Darauf möchte ich im übernächsten Abschnitt eingehen.

2.3 Identifikation und Commitment – Unterschiede und Gemeinsamkeiten

In der Organisationspsychologie und der Managementliteratur findet sich schon seit langem der Begriff des Commitments. Darunter versteht man die Bindung des Mitarbeiters an die Organisation – entweder aus affektiven Gründen („ich bleibe hier, weil es mir in der Firma gefällt"), aus normativen Gefühlen („ich bleibe hier, weil ich das Gefühl habe, ich sollte nicht wechseln") oder aus kalkulatorischen Erwägungen („ich bleibe hier, weil ich sonst viel aufgeben müsste und/oder keine besseren Alternativen habe"). Eine sehr gute Übersicht über das Thema findet sich bei Felfe (2008). Insbesondere das affektive Commitment ist der Identifikation recht ähnlich und in Studien wurden immer wieder enge Zusammenhänge ermittelt (Riketta 2005). Dies liegt z. T. daran, dass ganz ähnliche Items zur Messung von affektivem Commitment verwendet werden. Beide Konzepte haben ohne Zweifel große Gemeinsamkeiten und sagen andere Variablen (Arbeitszufriedenheit, Leistung) in ähnlicher Weise vorher. Einige Studien konnten allerdings auch zeigen, dass die beiden Konstrukte nicht genau dasselbe messen (Van Knippenberg und Sleebos 2006; Gautam et al. 2004). Der Unterschied liegt theoretisch darin, dass Commitment eine Einstellung gegenüber einem – außerhalb der eigenen Person liegenden – Objekt (z. B. der Firma) ist, während Identifikation den Grad der Überlappung der eigenen Person mit dem Objekt darstellt. Zudem ist Commitment – wenn es sich einmal entwickelt hat – eine relativ stabile Einstellung, während Identifikation sich von Situation zu Situation ändern kann und je nach aktivierter Identität ein anderes Verhalten und andere Einstellungen wirksam werden (van Dick et al. 2005). Meyer et al. (2006) haben vorgeschlagen, dass Identifikation situativ entsteht und dann das Commitment beeinflusst, was wiederum verhaltenswirksam wird.

2.4 Wozu führt eine hohe Identifikation?

Mit den oben beschriebenen Fragen kann man feststellen, wie stark sich Menschen mit ihren Arbeitsteams, ihrer Firma, Familie oder Freizeitgruppe identifizieren. Seit etwa 20 Jahren hat sich die Forschung mit dem Thema beschäftigt, ob Identifikation wichtig für Zufriedenheit oder Leistung von Mitarbeitern ist; diese Frage kann ganz klar mit Ja beantwortet werden (s. die Metaanalysen von Riketta et al. 2005, sowie die Übersichten von Haslam 2004; van Dick 2004). Metaanalysen werden uns später noch begegnen, deshalb erläutere ich kurz das Prinzip in Box 2.1.

Box 2.1   Was ist eine Metaanalyse?

Zu sehr vielen Fragestellungen in der Psychologie liegen nach jahrzehntelanger Forschung viele einzelne Studien vor. So gibt es z. B. eine ganze Reihe von Studien zum Zusammenhang zwischen Arbeitszufriedenheit und Leistung von Mitarbeitern. Da viele dieser Einzelstudien nur einen sehr kleinen oder gar keinen Zusammenhang ermitteln konnten, glaubte man lange, dass der Zusammenhang zwischen Zufriedenheit und Leistung nur ein Mythos sei. 2001 führten Tim Judge, einer der international produktivsten Wissenschaftler in der arbeits- und organisationspsychologischen Forschung, und seine Kollegen dann eine große zusammenfassende Analyse von über 300 Einzelstudien mit fast 55.000 Teilnehmern durch. Eine solche Analyse nennt man Metaanalyse, wenn dabei quantitativ aus den vielen Einzeleffekten ein durchschnittlicher Effekt errechnet wird. Dieser betrug bei Judge et al. ziemlich genau 0,30 – ein Zusammenhang reicht theoretisch von −1 über 0 bis +1. Null bedeutet, dass zwei Dinge nichts miteinander zu tun haben, ein negativer Wert bedeutet, dass je größer eine Variable ausgeprägt ist (z. B. je mehr Zigaretten man raucht), umso kleiner fällt die andere Variable (z. B. Lungenfunktion) aus. Ein positiver Wert bedeutet, dass eine Erhöhung der einen Variablen (hier der Arbeitszufriedenheit) mit einer Erhöhung der anderen Variablen (hier der Leistung) einhergeht. In der Psychologie werden perfekte Zusammenhänge von 1 oder auch nur über 0,8 so gut wie nie gefunden. Ein Zusammenhang von 0,3 ist daher durchaus ein substanzieller Effekt, der nicht zu unterschätzen ist. Metaanalysen haben aber häufig noch ein zweites Ziel. Mithilfe sog. Moderatoranalysen (das sind Analysen, die

versuchen herauszufinden, ob bestimmte Faktoren einen Zusammenhang zwischen zwei Variablen moderieren, d. h. beeinflussen) lässt sich feststellen, unter welchen Randbedingungen
der Zusammenhang besonders schwach bzw. besonders stark
ausgeprägt ist. Judge und Kollegen fanden beispielsweise einen
durchschnittlich stärkeren Zusammenhang zwischen Zufriedenheit und Leistung (0,33) für die Studien, die in sehr guten Zeitschriften veröffentlicht wurden, während Studien in nicht ganz
so guten Zeitschriften einen durchschnittlich schwächeren Zusammenhang (0,25) zeigten. Auch die Komplexität der Aufgabe
stellte einen Moderator dar: Wenn die Tätigkeit komplex und
anspruchsvoll war, war auch der Zusammenhang zwischen Zufriedenheit und Leistung im Durchschnitt stärker (0,52) als bei
einfacheren Tätigkeiten (0,29). Eine Metaanalyse hilft also, Licht
in das Dunkel unterschiedlicher Befunde aus vielen Einzelstudien zu bringen, weil sie einerseits einen Durchschnitt aus allen
Studien berechnet und andererseits die Randbedingungen spe-
zifiziert, unter denen dieser Effekt stärker oder schwächer als
der Durchschnitt ist.

Einzelstudien und Metaanalysen zeigen, dass Mitarbeiterinnen und Mitarbeiter, die sich mehr identifizieren, besser
motiviert und kreativer sind, mehr leisten sowie seltener
kündigen. Insbesondere zeigen stärker identifizierte Mitarbeiter auch eine besondere Form der Leistung in höherem
Maß, nämlich das sog. Organizational Citizenship Behavi-
or (Riketta 2005; van Dick et al. 2006). Dies ist Verhalten
am Arbeitsplatz, das nicht ausdrücklich im Arbeitsvertrag
gefordert wird und im Normalfall auch nicht direkt belohnt
wird, das aber wichtig für Unternehmen ist, wie etwa hilf-
reiches Verhalten gegenüber neuen oder überlasteten Kollegen, Proaktivität bei der Lösung von Problemen, Einbrin-
gen innovativer Vorschläge usw. In einer meiner Arbeiten
mit mehreren internationalen Kollegen konnten wir zeigen,
dass mehr identifizierte Mitarbeiter auch dieses besondere

Engagement häufiger zeigen – unabhängig davon, ob wir die Studie in Deutschland, den USA oder China durchführten, welche genauen Fragen wir verwendeten oder ob die Teilnehmer über ihr Engagement selbst berichteten oder ihre Vorgesetzten sie beurteilten (van Dick et al. 2006).

In anderen Studien konnten wir zeigen, dass identifizierte Mitarbeiter sich stärker kundenorientiert verhalten und diese Kundenorientierung sich in mehr Zufriedenheit, Weiterempfehlungs- und Kaufabsichten der Kunden niederschlägt, ja sich sogar die Kunden von stark identifizierten Mitarbeitern selbst stärker mit den Unternehmen identifizieren (Ullrich et al. 2007; Wieseke et al. 2009; Schuh et al. 2012a).

Schließlich haben wir und andere Kollegen herausgefunden, dass die Identifikation der Führungskräfte sehr wichtig ist: Sind die Führungskräfte stärker identifiziert, überträgt sich dies – auch über Hierarchiestufen hinweg – auf die Mitarbeiter, die dadurch wieder zufriedener und leistungsfähiger werden (van Dick et al. 2007; Wieseke et al. 2009; van Dick und Schuh 2010; Schuh et al. 2012b).

Aber was bedeutet dies alles für die Gesundheit und das Wohlbefinden der Mitarbeiter? Man könnte ja argumentieren, dass Mitarbeiter, die sich – gerade weil sie sich stark identifizieren – engagieren, anderen Kollegen helfen, besonders innovativ sind und sich hervorragend um die Kunden kümmern, auch spezielle gesundheitliche Probleme bekommen. Vielleicht brennen sie schneller aus und entwickeln Burnout, weil sie sich permanent überfordern? Wir werden auf solche Risiken am Ende des Buches noch eingehen. Zunächst werde ich aber einige Annahmen ableiten, warum Identifikation eher gut für die Gesundheit der Mitarbeiter sein sollte.

2.5 Identität und Gesundheit: Einige Annahmen

In der psychologischen Forschung ist es zur Bildung von Annahmen und Hypothesen immer gut, auf Theorien aufzubauen, die sich bereits bestätigt haben. Wir kombinieren hier die gerade eingeführte Theorie der sozialen Identität mit der Theorie unseres alten Bekannten Richard Lazarus – dem transaktionalen Stressmodell, das wir oben besprochen haben.

Wir haben gesehen, dass die Entstehung von Stresssymptomen angesichts von belastenden Situationen davon abhängt, wie man den Stressor bewertet. Dies geschieht einmal in der ersten Bewertung (*primary appraisal*) „Ist die Situation überhaupt bedrohlich für mich?" und zum anderen in der zweiten Bewertung (*secondary appraisal*) „Kann ich mit der Belastung umgehen, kann ich sie bewältigen?" Nehmen wir nun die Theorie der sozialen Identität hinzu, lassen sich diese beiden Bewertungen leicht, aber entscheidend modifizieren, wie Abb. 2.2 zeigt.

Abb. 2.2   Das erweiterte transaktionale Stressmodell

Nach dieser Theorie definieren sich Menschen in vielen Situationen nicht über ihre individuellen Eigenschaften, Stärken und Schwächen, sondern als Gruppenmitglieder; sie sehen sich dabei vor allem im Verbund und in der Beziehung zu den anderen Mitgliedern der Gruppe. Dies bedeutet, dass nicht mehr die Frage, ob der Einzelne die Situation bedrohlich findet, gestellt wird, vielmehr ändert sich die Frage zu einem „Ist die Situation für *uns* bedrohlich?" Und genauso wird nicht mehr (nur) gefragt, ob „man" als Einzelner mit der Situation umgehen kann, stattdessen fragt sich das Gruppenmitglied, ob „*wir* die Situation bewältigen können". Und wir gehen davon aus, dass schon allein diese kleinere Änderung vom „ich" zum „wir" automatisch auch die Wahrscheinlichkeit erhöht, dass man an die soziale Unterstützung denkt, die man sich im Verbund mit den anderen Gruppenmitgliedern geben kann. Wir können also das Modell insofern erweitern, dass es zunächst davon abhängt, ob wir uns in einer bestimmten Situation als Einzelperson oder als Gruppenmitglied wahrnehmen. Nehmen wir uns als Einzelnen wahr, laufen die Bewertungsstufen (*primary* und *secondary appraisal*) ab, wie von Lazarus beschrieben. Ist aber die soziale Identität salient, d. h., spielen die Gruppenzugehörigkeiten eine Rolle, fragen wir nach dem „wir" bei der Beurteilung der Situation, wie in Abb. 2.2 dargestellt.

Literatur

Bergami, M., & Bagozzi, R. P. (2000). Self-categorization, affective commitment and group self-esteem as distinct aspects of social identity in the organization. *British Journal of Social Psychology, 39*, 555–577.

Van Dick, R. (2004). *Commitment und Identifikation mit Organisationen.* Göttingen: Hogrefe.

Van Dick, R., & Schuh, S. C. (2010). My boss' group is my group: Experimental evidence for the leader-follower identity transfer. *Leadership & Organization Development Journal, 31,* 551–563.

Van Dick, R., Wagner, U., Stellmacher, J., & Christ, O. (2004). The utility of a broader conceptualization of organizational identification: Which aspects really matter? *Journal of Occupational and Organizational Psychology, 77,* 171–191.

Van Dick, R., Wagner, U., Stellmacher, J., & Christ, O. (2005). Category salience and organizational identification. *Journal of Occupational and Organizational Psychology, 78,* 273–285.

Van Dick, R., Grojean, M. W., Christ, O., & Wieseke, J. (2006). Identity and the extra-mile: Relationships between organizational identification and organizational citizenship behaviour. *British Journal of Management, 17,* 283–301.

Van Dick, R., Hirst, G., Grojean, M. W., & Wieseke, J. (2007). Relationships between leader and follower organizational identification and implications for follower attitudes and behaviour. *Journal of Occupational and Organizational Psychology, 80,* 133–150.

Doosje, B., Ellemers, N., & Spears, R. (1995). Perceived intragroup variability as a function of group status and identification. *Journal of Experimental Social Psychology, 31,* 410–436.

Felfe, J. (2008). *Mitarbeiterbindung.* Göttingen: Hogrefe.

Gautam, T., Van Dick, R., & Wagner, U. (2004). Organizational identification and organizational commitment: Distinct aspects of two related concepts. *Asian Journal of Social Psychology, 7,* 301–315.

Haslam, S. A. (2004). *Psychology in organizations: The social identity approach.* London: Sage.

Judge, T. A., Thoresen, C. J., Bono, J. E., & Patton, G. K. (2001). The job satisfaction-job performance relationship: A qualitative and quantitative review. *Psychological Bulletin, 127,* 376–407.

Van Knippenberg, D., & Sleebos, E. (2006). Organizational identification versus organizational commitment: Self-definition, social exchange, and job attitudes. *Journal of Organizational Behavior, 27,* 585–605.

Mael, F., & Ashforth, B. E. (1992). Alumni and their alma mater: A partial test of the reformulated model of organizational identification. *Journal of Organizational Behavior, 13,* 103–123.

Meyer, J. P., Becker, T. E., & Van Dick, R. (2006). Social identities and commitments at work: Toward an integrative model. *Journal of Organizational Behavior, 27,* 665–683.

Postmes, T., Haslam, S. A., & Jans, L. (in press). A single-item measure of social identification: Reliability, validity, and utility. *British Journal of Social Psychology.* Prepublication available online. doi:10.1111/bjso.12006

Riketta, M. (2005). Organizational identification: A meta-analysis. *Journal of Vocational Behavior, 66,* 358–384.

Riketta, M., & Van Dick, R. (2005). Foci of attachment in organizations: A meta-analysis comparison of the strength and correlates of work-group versus organizational commitment and identification. *Journal of Vocational Behavior, 67,* 490–510.

Schuh, S. C., Egold, N. W., & Van Dick, R. (2012a). Towards understanding the role of organizational identification in service settings: A multilevel, multisource study. *European Journal of Work & Organizational Psychology, 21,* 547–574.

Schuh, S. C., Zhang, X.-A., Egold, N. W., Graf, M. M., Pandey, D., & Van Dick, R. (2012b). Leader and follower organizational identification: The mediating role of leader behavior and implications for follower OCB. *Journal of Occupational and Organizational Psychology, 85,* 421–432.

Tajfel, H., & Turner, J. C. (1979). An integrative theory of intergroup conflict. In W. G. Austin & S. Worchel (Hrsg.), *The social psychology of intergroup relations* (pp. 33–47). Monterey: Brooks.

Turner, J. C., Hogg, M. A., Oakes, P. J., Reicher, S. D., & Wetherell, M. S. (1987). *Rediscovering the social group.* Oxford: Blackwell.

Ullrich, J., Wieseke, J., Christ, O., Schulze, J., & Van Dick, R. (2007). The identity matching principle: Corporate and organizational identification in a franchising system. *British Journal of Management, 18,* 29–44.

Wieseke, J., Ahearne, M., Lam, S. K., & Van Dick, R. (2009). The role of leaders in internal marketing. *Journal of Marketing, 73,* 123–145.

3
Gruppe macht glücklich: Hypothesen für das Erleben von Stress

Unsere Hypothese ist also folgende: Je mehr sich Menschen als Gruppenmitglieder definieren, umso mehr sollten sie soziale Unterstützung geben, nehmen und auch von ihr profitieren. Dass soziale Unterstützung positiv wirkt, scheint fast trivial. Wenn ich behaupte, dass Menschen, die sich sozial unterstützen, gesünder sind, dann wird kaum jemand widersprechen. Oder?

Denken Sie einmal an die letzten Gelegenheiten, bei denen eine Arbeitskollegin Ihnen Hilfe angeboten hat. Tat sie dies vielleicht mit einem Unterton des „Na gut, ich helfe dir, aber du weißt schon, dass ich dadurch selbst länger arbeiten muss …", oder „Wenn ich dir jetzt mit dem Patienten helfe, erwarte ich aber von dir, dass du den nächsten Bereitschaftsdienst von mir übernimmst". Oder denken Sie an eine Situation, in der Sie sich überwinden mussten, einen Kollegen um Hilfe zu bitten, weil dieser seine Hilfe oft mit einem „Okay, ich helfe dir, du hast es eben nicht so drauf"-Kommentar versieht. Dies sind Beispiele für die mittlerweile in einigen Studien gefundenen dysfunktionalen Aspekte sozialer Unterstützung (Beehr et al. 2010). Insgesamt ist der Effekt von sozialer Unterstützung in der Tat nicht sehr stark. So finden Schwarzer und Leppin in einer Metaanalyse bereits 1991 über mehr als 100 Studien hinweg nur einen kleinen positiven Effekt sozialer Unterstützung von $r = 0{,}07$ (das r bezeichnet wieder unsere Korrelation, die wir im vorangegangenen Kapitel schon eingeführt hatten – sie geht von -1 bis $+1$ und entsprechend liegt die 0,07 recht nahe bei null, also ein nur sehr geringer Wert) und bei der Mehrzahl der untersuchten Studien lediglich Effekte um null herum. Dies mag in verschiedenen Faktoren begründet sein, wie der ungenauen Messung von Unterstützung, aber es hängt unserer Meinung nach vor allem damit zusammen, dass Unterstützung eben häufig auch Misstrauen auslöst und zu Minderwertigkeitsgefühlen führen kann. Auch Semmer et al. (2008) betonen, dass soziale

Unterstützung nur dann positive Auswirkungen hat, wenn sie mit einer wertschätzenden Haltung erbracht wird.

Unser Argument, der Theorie der sozialen Identität folgend, ist, dass sozialer Unterstützung vor allem dann mit Misstrauen begegnet wird, wenn Geber und Nehmer nicht der gleichen Gruppe angehören oder sich zumindest nicht als Angehörige einer gemeinsamen Gruppe wahrnehmen. Sehe ich meinen Chef in erster Linie als Mitglied der Gruppe der „Manager" und mich selbst als „Arbeiter" oder „Angestellten", werde ich sein Unterstützungsangebot weniger positiv aufnehmen, als wenn ich mich und meinen Chef als gemeinsame Mitglieder eines Teams sehe.

Die Forschung zeigt also, dass die Frage, ob soziale Unterstützung immer gut ist, überhaupt nicht trivial ist. Es kommt darauf an, wie die soziale Unterstützung interpretiert wird. Und unsere im Grunde sehr einfache Hypothese, die mittlerweile in vielen Studien überprüft wurde, ist, dass eine starke Identifikation mit der Gruppe, also z. B. der Firma oder dem Team, deshalb hilft, Stress zu reduzieren oder besser mit Belastungen umzugehen, weil man sich in einer Gruppe mit starker geteilter Identität mehr unterstützt, die Unterstützung eher annimmt und dadurch alle mehr von der Unterstützung profitieren (Haslam und van Dick 2011; van Dick und Haslam 2012).

In diesem Buch werde ich eine ganze Reihe von Studien präsentieren, die mit verschiedenen Methoden und in ganz unterschiedlichen Arbeits- und Lebensbereichen letztlich immer wieder drei Grundannahmen untersuchen. Die erste Annahme ist, dass eine geteilte soziale Identität hilft, mit Stress besser umzugehen, weil die Belastungen dadurch weniger negativ bewertet werden (die erste Bewertung im Sinne von Lazarus' Modell).

Zweitens kann man aus der Theorie ableiten, dass eine geteilte Identität hilft, besser mit Stress umzugehen, weil man sich stärker unterstützt fühlt und dadurch zuversichtlicher ist, die Belastungen bewältigen zu können (die zweite Bewertungsstufe bei Lazarus).

Drittens kann man annehmen, dass eine geteilte Identität nicht nur das individuelle Gefühl, mit den Belastungen selbst fertig zu werden, stärkt, sondern auch die sog. kollektive Selbstwirksamkeit gefördert wird. Wenn man sich gemeinsam mit anderen einer Belastung ausgesetzt sieht (z. B. ein Team einem herumschreienden Vorgesetzten) und die Teammitglieder eine gemeinsame Identität entwickelt haben, hat man auch stärker das Gefühl, gemeinsam etwas bewirken zu können im Sinne des „Wir schaffen das!".

Als Erstes werde ich zur Überprüfung der Grundannahmen einige Studien zeigen, in denen wir Identifikation gemessen und das Ergebnis mit verschiedenen Kriteriumsvariablen aus dem Gesundheitsbereich korreliert haben.

Literatur

Beehr, T. A., Bowling, N. A., & Bennett, M. M. (2010). Occupational stress and failures of social support: When helping hurts. *Journal of Occupational Health Psychology, 15,* 45–59.

Van Dick, R., & Haslam, S. A. (2012). Stress and well-being in the workplace: Support for key propositions from the social identity approach. In: J. Jetten, C. Haslam, & S. A. Haslam (Hrsg.), *The social cure: Identity, health, and well-being* (S. 175–194). Hove: Psychology Press.

Haslam, S. A., & Van Dick, R. (2011). A social identity analysis of organizational well-being. In D. De Cremer, R. Van Dick, & K. Murnighan (Hrsg.), *Social psychology and organizations* (S. 325–352). New York: Taylor & Francis.

Schwarzer, R., & Leppin, A. (1991). Social support and health: A theoretical and empirical overview. *Journal of Personal and Social Relationships, 8,* 99–127.

Semmer, N. K., Elfering, A., Jacobshagen, N., Perrot, T., Boos, N., & Beehr, T. (2008). The emotional meaning of instrumental social support. *International Journal of Stress Management, 15,* 235–251.

4

Alles fließt (oder korreliert): erste Befunde im Callcenter, bei Lehrern und Fusionsbetroffenen

Die spannende Frage, die sich aus den oben erläuterten theoretischen Überlegungen und Modellen ergibt, ist: Lassen sich Zusammenhänge zwischen Identifikation und Wohlbefinden nachweisen?

In einer Studie haben wir Betroffene einer Fusion von zwei psychiatrischen Kliniken mit Fragebögen untersucht (van Dick et al. 2004). Etwa 450 Personen nahmen an der Studie teil, darunter waren Mediziner, Therapeuten und Pfleger, aber auch Mitarbeiter aus den unterschiedlichen Bereichen der Verwaltung.

Wir haben die Fragebögen einige Wochen nach der Fusion verteilt und die Mitarbeiter nach ihrer Identifikation sowohl mit der „alten" Klinik vor der Fusion gefragt als auch nach ihrer Identifikation mit dem neuen Unternehmen (bestehend aus den beiden Kliniken an nach wie vor getrennten Standorten, aber mit einem neuen gemeinsamen Namen). Außerdem haben wir sie nach dem Auftreten negativer Emotionen gefragt („ich bin ärgerlich", „ich habe Angst"). Unsere Daten zeigen, dass diejenigen, die sich mit ihrer alten Klinik vor der Fusion hoch und mit dem neuen Unternehmen nach der Fusion dagegen gering identifizieren, die meisten negativen Emotionen erleben. Negative Empfindungen sind ein klarer Indikator für beeinträchtigtes Wohlbefinden – jemandem, der sich fürchtet oder der ärgerlich ist, geht es nicht gut und offensichtlich trägt ein Rückgang oder Verlust an Identifikation zu diesem mangelnden Wohlbefinden bei.

Ich räume jedoch ein, dass die Identifikation mit der Klinik vor und nach der Fusion nur zu *einem* Zeitpunkt gemessen wurde und man so nicht wirklich von einem Rückgang sprechen kann. Wir werden diese und auch andere Einschränkungen unserer Studien immer wieder offen ansprechen. Keine einzelne wissenschaftliche Studie ist perfekt – irgendwo muss man immer Abstriche machen. Eine Studie im Feld kann meist nicht die Frage nach Ursache und Wirkung beantworten, weil man viele Störfaktoren nicht ausschließen kann. Dies geht zwar ganz gut im Labor, allerdings ist hier das Problem, dass sich die Ergebnisse nur schlecht auf Alltagssituationen übertragen lassen. In Studien im Längsschnitt und mit mehrfachen Befragungen kann man häufig nur recht kurze Fragebögen verwenden; in Einmalbefragungen, wie der gerade dargestellten, können die Fragebögen etwas ausführlicher sein, aber man kann damit auch keine Verläufe über die Zeit untersuchen. Die Zusammenhänge zwischen geteilter Identität und Stress sind glücklicherweise in einer Vielfalt von Studien untersucht worden. Wir werden Befragungen und Laborstudien, Studien im Längsschnitt und im Experiment darstellen. Und auch wenn keine einzelne Studie perfekt ist, liefern die Studien zusammengenommen doch ein recht gutes Bild.

In einer anderen Studie haben wir 160 Mitarbeiter aus 20 verschiedenen Callcentern befragt (Wegge et al. 2006). Zum einen haben wir natürlich wieder einen Fragebogen zur Messung von Identifikation mit dem jeweiligen Unternehmen verwendet. Zum anderen enthielt der Fragebogen die Skalen zur Messung der verschiedenen Facetten von Burnout (s. Box 1.1). Entsprechend unserer Annahmen hing höhere Identifikation mit geringerem Burnoutempfinden zusammen, d. h., Mitarbeiter, die sich stark mit dem Unternehmen identifizierten, hatten weniger Erschöpfungsgefühle, äußerten geringere Depersonalisierung und schätzten sich als leistungsfähiger ein als Mitarbeiter, die sich nur schwach mit dem Unternehmen verbunden fühlten.

Schließlich möchte ich auf ein Forschungsprojekt eingehen, das ich gemeinsam mit Ulrich Wagner mit Lehrerinnen und Lehrern durchgeführt habe (van Dick und Wagner 2002). Das Projekt bestand aus zwei Studien. In der ersten wurden 201 Lehrkräfte nach der Identifikation mit ihrer Schule befragt. Außerdem gaben wir ihnen eine Liste von möglichen Beschwerden vor und fragten, wie häufig sie unter den jeweiligen Beschwerden leiden; aufgeführt waren Magenschmerzen, Schwächegefühl, Kopfschmerzen, Herzprobleme, Schwindelgefühl, Mattigkeit, Sodbrennen sowie Nacken- und Schulterschmerzen. Eine Korrelationsanalyse zeigt einen klaren negativen Zusammenhang zwischen Identifikation mit der Schule und der durchschnittlichen Häufigkeit von Beschwerden (die Korrelation beträgt $r = -0{,}30$). Im Sinne unserer Hypothesen leiden Lehrkräfte mit höheren Identifikationswerten also weniger unter körperlichen Beschwerden.

In der zweiten Studie, diesmal mit 283 Lehrerinnen und Lehrern (wie in der ersten Studie aus allen Schulformen und unterschiedlichen Bundesländern), fragten wir wieder nach den gleichen körperlichen Beschwerden. Für die Identifikation wählten wir aber zwei andere Foki, nämlich Gruppen, mit denen man sich potenziell identifizieren kann. Die Schule, der Fokus in der ersten Studie, bildet eine eher mittelgroße Gruppe, die aus etwa 20 bis vielleicht 100 Kolleginnen und Kollegen besteht. In unserer zweiten Studie dagegen fragten wir die Lehrkräfte nach der Identifikation mit einer sehr viel größeren Gruppe, nämlich der Berufsgruppe der Pädagogen, und mit einer kleineren Gruppe. Hierfür wählten wir das Team und baten die Lehrer, an die Kollegen zu denken, die das gleiche Fach oder dieselbe Jahrgangsstufe unterrichten. Die Ergebnisse waren im Prinzip identisch mit der ersten Studie: Wieder hatten die Lehrer, die sich stark mit dem Beruf identifizierten, auch geringere Beschwerden ($r = -0{,}41$); ganz analog äußerten diejenigen, die sich stärker mit ihrem Team identifizierten, gleichfalls weniger Beschwerden ($r = -0{,}28$). Zusammengenommen zeigen die Studien dieses Projektes, dass die Identifikation mit jeder sinnvollen Gruppe potenziell gut für das Wohlbefinden ist, unabhängig davon, ob es sich um eine Handvoll, einige Dutzend oder viele Tausend Personen handelt.

Ebenfalls im Schulkontext konnten Bizumic und ihre Kollegen in Befragungen an Schulen in Australien Zusammenhänge zwischen der Identifikation der Lehrkräfte mit ihrer Schule und einer Reihe von gesundheitlich relevanten Kriterien wie chronische Angst oder Depression aufzeigen (Bizumic et al. 2009). Interessant an dieser Studie ist zudem, dass neben den Lehrkräften auch fast 700 Schülerinnen und Schüler befragt wurden. Dabei zeigte sich, dass die Identifikation der Schüler mit ihrer Schule ebenso positive Effekte hat. Je mehr die Schüler sich identifizieren, umso geringer sind ihre Depressionswerte und desto höher ist ihr Selbstwert, also positive Gefühle in Bezug auf sich selbst.

Gemeinsam mit Lorenzo Avanzi von der Universität Trento haben weitere Kollegen und ich schließlich einmal getestet, ob sich auch unsere dritte Grundannahme bestätigt, nämlich die Reduzierung von Stress durch gesteigerte kollektive Selbstwirksamkeitsüberzeugungen (Avanzi et al. im Druck). Knapp 200 italienischen Lehrerinnen und Lehrern wurden dazu Fragen zu Identifikation mit ihrer Schule gestellt. Als Stressmaß wurden sie nach Burnout (s. Box 1.1) gefragt (z. B. „Ich fühle mich emotional von meiner Arbeit ausgelaugt", „Ich interessiere mich immer weniger für die Arbeit" oder „Ich kann mit den Schülern keine entspannte

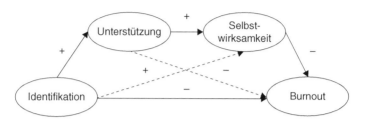

Abb. 4.1   Identifikation und Burnout bei Lehrkräften

Arbeitsatmosphäre herstellen"). Außerdem haben wir die Lehrkräfte nach ihrer sozialen Unterstützung im Kollegenkreis gefragt und gemessen, wie sehr sie das Gefühl haben, gemeinsam Probleme lösen zu können. Dazu wurde eine Skala verwendet, die diese kollektive Selbstwirksamkeit spezifisch für den Lehrerberuf erfasst (z. B. „Die Lehrer an unserer Schule schaffen es, auch Schülern mit großen Lernschwierigkeiten Mathematik beizubringen"). Abb. 4.1 zeigt das den Analysen zugrunde liegende Modell.

Unsere Daten konnten das Modell gut bestätigen: Lehrkräfte, die sich stärker mit der Schule identifizierten, berichteten über weniger Burnout. Sie gaben auch an, sich mehr zu unterstützen und äußerten eine größere Selbstwirksamkeitserwartung. Zum Schluss rechneten wir sog. Mediationsanalysen, die das Gesamtmodell bestätigten. Das heißt, Identifikation führt deshalb zu weniger Burnout, *weil* die Identifikation Gefühle sozialer Unterstützung auslöst und dadurch eine größere Selbstwirksamkeitsüberzeugung entsteht. Weil solche Mediationsanalysen auch im Folgenden immer wieder vorkommen, werden sie in Box 4.1 kurz erläutert.

Box 4.1 Was ist ein Mediator?

Mediationsanalysen sind in der Psychologie sehr häufig verwendete Analysen, mit denen man ermitteln kann, ob eine bestimmte Variable (der Mediator) für einen Zusammenhang zwischen zwei anderen Variablen (der abhängigen und der unabhängigen Variablen) verantwortlich ist bzw. zwischen ihnen „vermittelt". Um ein einfaches Beispiel zu geben: Wir können untersuchen, ob das Mitleid z. B. der Deutschen mit den betroffenen Menschen in Katastrophengebieten (etwa den Opfern von Hochwassern) in der Mitte der Krise letztlich dazu führt, dass es den Menschen ein Jahr nach Beendigung des Notstands wieder besser geht. Man könnte zu diesem Zweck immer dann, wenn eine verheerende Überflutung auftritt, eine repräsentative Befragung der deutschen Bevölkerung durchführen und darin erfassen, wie viel Mitleid man für die Überschwemmungsopfer empfindet. Ein Jahr später ginge man wiederum in die betroffenen Regionen und würde dort erneut die Menschen nach ihrer Lebenszufriedenheit oder ähnlichen Dingen befragen. Wahrscheinlich würde man nun tatsächlich einen Zusammenhang finden. Aber wie kommt dieser zustande? Was hat eine Anwohnerin der Oder bei einem Hochwasser davon, dass jemand im Münsterland mehr oder weniger Mitleid empfindet? Die Antwort ist ein einfacher Mediator: Geld! Vermutlich führt größeres Mitleid dazu, dass die Menschen höhere Summen spenden; dieses Geld ist dann die Ursache dafür, dass sich „abstraktes" Mitleid in konkrete Hilfe in der Notsituation und beim Wiederaufbau verwandelt.

Methodisch geht man bei der Mediationsanalyse so vor: Man berechnet zuerst (in einer Regressionsanalyse) den Effekt der unabhängigen Variablen (Identifikation mit der Schule) auf die abhängige Variable (Burnout). Anschließend rechnet man dieselbe Analyse noch einmal, nimmt aber jetzt den Mediator (soziale Unterstützung) gleichzeitig hinzu. Wenn nun soziale Unterstützung (der Mediator) einen Effekt auf Burnout (die abhängige Variable) hat und gleichzeitig der zuerst ermittelte Effekt von Identifikation auf Burnout kleiner wird oder ganz verschwindet, lässt sich daraus ableiten, dass der Mediator sozusagen „verantwortlich" für diesen Effekt gewesen ist. Man weiß dann also, dass Identifikation deshalb hilft, Burnout zu reduzieren, weil sie die Unterstützung erhöht. Natürlich sind die Analysen mancher Studien komplexer; so haben Avanzi und Kollegen (im Druck) auch noch getestet, ob es eine serielle Mediation gibt, d. h., ob Unterstützung und Selbstwirksamkeitsüberzeugungen in dieser Reihenfolge gleichzeitig den Zusammenhang zwischen Identifikation und Burnout vermitteln – was sich ebenfalls bestätigt hat.

Eine ähnliche Mediation wurde in einer kürzlich veröffentlichten Studie von Khan und weiteren Wissenschaftlern getestet (Khan et al. 2014), aber hier ging es um die Identifikation mit einer sehr großen Gruppe, nämlich einer Religionsgemeinschaft. Khan und Kollegen befragten fast 800 Hindus in einer ländlichen Region im Norden Indiens, wie sehr sie sich als Hindus identifizieren, wie sie ihre stressbezogene Selbstwirksamkeit einschätzen, d. h., wie sehr sie glauben, Belastungen bewältigen zu können (z. B. „Wie sehr hatten Sie in der letzten Woche das Gefühl, mit Anforderungen gut umzugehen?"). Außerdem sollten sie ihren allgemeinen Gesundheitszustand beschreiben und angeben, wie häufig sie in der vergangenen Woche unter psychischen (Angst, Ruhelosigkeit, grundloser Ärger) und körperlichen (Atemnot, Herzprobleme, Schmerzen) Krankheitssymptomen gelitten hatten. Für alle drei Indikatoren von Gesundheit bestätigten sich die vermuteten Beziehungen: Identifikation mit der Religion führte zu einer stärkeren Selbstwirksamkeit; diese wiederum erhöhte den Gesundheitszustand und reduzierte die Wahrnehmung körperlicher und psychischer Symptome. Identifikation kann also auch, wenn sie sich auf eine sehr große Gruppe bezieht, eine positive Wirkung auf die Gesundheit haben.

Diese Studien zeigen exemplarisch, wie man Zusammenhänge zwischen Identifikation und Indikatoren von Wohlbefinden ermitteln kann. Michael Riketta (2005) hat viele Einzelstudien zu Identifikation mit der Organisation in einer Metaanalyse zusammengefasst. Für uns interessant ist der Zusammenhang zwischen Identifikation und Arbeitszufriedenheit. Denn dies ist ein Faktor, der einerseits direkt ausdrückt, dass es der Person – zumindest in Bezug auf die Arbeit – gut geht; andererseits weiß man, dass Arbeitszufriedenheit auch indirekt ein wichtiger Faktor für die allgemeine Gesundheit ist (Faragher et al. 2005). Riketta konnte insgesamt 38 Einzelstudien mit über 8000 untersuchten, (meist) befragten Teilnehmern ermitteln und aus diesen einen durchschnittlichen Zusammenhang zwischen Identifikation und Arbeitszufriedenheit von $r = 0,54$ errechnen. Identifikation hängt also in recht engem Maß mit Zufriedenheit mit der Arbeit zusammen. Allerdings konnte Riketta in der gleichen Analyse, basierend auf sechs Studien mit 1500 Teilnehmern, keine Korrelation zwischen Identifikation und Absentismus ermitteln, was gegen einen einfachen Zusammenhang im Sinne von „mehr Identifikation, weniger Fehlzeiten" spricht, der in der einen oder anderen Einzelstudie gezeigt werden konnte, aber sich eben im Durchschnitt nicht bestätigen lässt.

Michael Riketta und ich haben außerdem in einer Metaanalyse die unterschiedlichen Zusammenhänge zwischen verschiedenen Kriterien einerseits mit Identifikation mit der Organisation bzw. Identifikation mit dem Team andererseits untersucht. Zu beiden Identifikationsfoki gibt es auch hier keine Zusammenhänge zu Absentismus: Ob jemand zu Hause bleibt oder nicht, wird also offensichtlich nicht linear von der Identifikation beeinflusst. Dies könnte z. B. daran liegen, dass jemand, der mit einem gebrochenen Arm einige Wochen ausfällt, dies auch bei starker Identifikation nicht ändern kann. Es könnte aber auch darin begründet sein, dass die besonders stark identifizierten Arbeitnehmer auch dann zur Arbeit gehen, wenn sie eigentlich krank sind. Dieses Phänomen nennt man Präsentismus; dieser ist natürlich auf Dauer weder für den Arbeitnehmer noch für das Unternehmen gut. Riketta und Van Dick (2005) konnten wiederum Zusammenhänge zu Zufriedenheit zeigen, und zwar sind diejenigen, die sich stark mit dem Unternehmen identifizieren, auch allgemein zufriedener, während eine starke Identifikation mit dem Team besonders deutlich mit der Zufriedenheit mit den Kollegen korreliert.

Schließlich haben wir uns in einer aktuellen Metaanalyse (Steffens et al. in Vorb.) speziell dem Zusammenhang zwischen Identifikation und Wohlbefinden gewidmet. In 63 Studien mit über 16.000 Teilnehmern konnte ein eindeutig positiver Zusammenhang zwischen Identifikation mit dem Unternehmen und psychischem und physischem Wohlbefinden ($r = 0{,}23$) ermittelt werden. Ebenso belegen weitere 29 Studien mit fast 6000 Teilnehmern einen positiven Zusammenhang in gleicher Größenordnung ($r = 0{,}21$) zwischen Identifikation mit der Arbeitsgruppe und Wohlbefinden. In das Kriterium Wohlbefinden gingen aus den Einzelstudien ganz verschiedene Indikatoren ein, von Burnout, Zufriedenheit bis hin zu körperlichen Symptomen usw. Die Zusammenhänge zwischen Identifikation und Wohlbefinden waren dabei für psychisches Wohlbefinden etwas enger als für physische Parameter von Gesundheit bzw. Krankheit. Wir werden später im Buch auch auf potenziell problematische Aspekte von (zu starker) Identifikation eingehen.

Aber bereits an dieser Stelle möchte ich festhalten, dass die Metaanalysen mit den Durchschnittswerten von dutzenden Studien und tausenden Studienteilnehmern eindeutig positive Zusammenhänge zwischen Identifikation und Gesundheit zeigen. Im Durchschnitt geht man also kein Risiko ein, wenn man sich als Angestellter mit seinem Unternehmen identifiziert oder ein Teamleiter versucht, die Identifikation seiner Mitarbeiter bspw. durch ein Teambuilding zu steigern.

Allerdings können auch Metaanalysen mit noch so vielen Studien nicht das Problem der Einzelstudien lösen, nämlich dass sie die Frage der Kausalität nicht beantworten können. Eine Korrelation ist lediglich ein Zusammenhang – er kann von Variable A nach Variable B gehen (Identifikation beeinflusst Stress positiv), kann auch umgekehrt von B nach A gehen (die weniger Gestressten haben mehr Zeit für Identifikation) oder beide Variablen können von einer dritten Variablen C (Alter, Geschlecht, Branche…) beeinflusst sein und in Wirklichkeit ist der Zusammenhang gar nicht da. Zur Beantwortung der Frage nach Ursache und Wirkung müssen Experimente durchgeführt werden und einige dieser Experimente werden wir später auch beschreiben. Doch kommen wir zunächst gleich im folgenden Kapitel zu unseren Bombenentschärfern und einem Test, ob die erste Bewertung (das *primary appraisal*) durch die Identität beeinflusst wird.

Literatur

Avanzi, L., Schuh, S., Fraccaroli, F., & Van Dick, R. (in press). *Why does organizational identification relate to reduced employee burnout? The mediating influence of social support and collective efficacy.* Work & Stress.

Bizumic, B., Reynolds, K. J., Turner, J. C., Bromhead, D., & Subasic, E. (2009). The role of the group in individual functioning: School identification and the psychological well-being of staff and students. *Applied Psychology: An International Review, 58,* 171–192.

Van Dick, R., & Wagner, U. (2002). Social identification among school teachers: Dimensions, foci, and correlates. *European Journal of Work and Organizational Psychology, 11,* 129–149.

Van Dick, R., Wagner, U., & Lemmer, G. (2004). The winds of change. Multiple identifications in the case of organizational mergers. *European Journal of Work and Organizational Psychology, 13,* 121–138.

Faragher, E. B., Cass, M., & Cooper, C. L. (2005). The relationship between job satisfaction and health: A meta-analysis. *Occupational and Environmental Medicine, 62,* 105–112.

Khan, S. S., Hopkins, N., Tewari, S., Srinivasan, N., Reicher, S. D., & Ozakinci, G. (2014). Efficacy and well-being in rural north India: The role of social identification with a large-scale community identity. *European Journal of Social Psychology, 44,* 787–798.

Riketta, M. (2005). Organizational identification: A meta-analysis. *Journal of Vocational Behavior, 66,* 358–384.

Riketta, M., & Van Dick, R. (2005). Foci of attachment in organizations: A meta-analysis comparison of the strength and correlates of work-group versus organizational commitment and identification. *Journal of Vocational Behavior, 67,* 490–510.

Steffens, N. K., Haslam, S. A., Schuh, S. C., Jetten, J., & Van Dick, R. (in prep.). A meta-analytic review of social identification and health in organizational contexts.

Wegge, J., Van Dick, R., Fisher, G. K., Wecking, C., & Moltzen, K. (2006). Work motivation, organizational identification, and well-being in call centre work. *Work and Stress, 20,* 60–83.

5

In Gefahr: Stress bei Bombenentschärfern. Und was ist mit der Narbe im Gesicht?

Haben Sie schon einmal als Bedienung in einem Restaurant gearbeitet oder in einer Kneipe gekellnert? Selbst wenn nicht, haben wir wohl alle eine Vorstellung davon, welche belastenden Aspekte mit dieser Tätigkeit verbunden sind. Man hat unfreundliche (oder betrunkene) Gäste, muss zu Spitzenzeiten viele Dinge gleichzeitig tun, hat häufig ungünstige Arbeitszeiten und manchmal auch durchaus schwere körperliche Arbeiten zu verrichten wie Getränkekästen tragen. Andererseits hat der Job ja auch schöne Aspekte: Man kommt mit Menschen zusammen und hat durchaus auch Phasen, in denen es etwas ruhiger zugeht. Wenn ich Sie also fragen würde, als wie belastend Sie die Tätigkeit von Kellnern auf einer Skala von 1 (gar nicht belastend) bis 7 (sehr belastend) einschätzen, hätten Sie vermutlich eine gute Vorstellung und würden das Kellnern als vielleicht in mittlerem Ausmaß belastend einstufen. Aber wie belastend ist wohl die Arbeit eines Bombenentschärfers? Können Sie sich in die Situation hineinversetzen, wie es ist, vor einer Mine zu liegen, sie vorsichtig von Erde zu befreien und dann den Zünder zu entschärfen? Wirklich nachempfinden können wir das wohl nicht, aber wir stellen uns die Aufgabe als sehr belastend vor, denn eine falsche Handbewegung, eine Unachtsamkeit kann zu schweren Verletzungen oder sogar zum Tod führen. Haslam et al. (2005) haben sich genau diese beiden Gruppen von Menschen einmal genauer angesehen. Sie haben 20 Bombenentschärfer und 20 Bedienungen in britischen Pubs mit Fragebögen nach der Stärke der wahrgenommenen Belastung durch die Tätigkeit gefragt, und zwar beide Berufsgruppen jeweils nach der Belastungsintensität der eigenen Tätigkeit sowie der Tätigkeit der jeweils anderen Gruppe. Abbildung 5.1 zeigt die Ergebnisse.

Wie erwartet schätzen sowohl die Bombenentschärfer – die, wie Sie und ich, zumindest aus Kundenperspektive Erfahrung mit Kellnern haben –, als auch die Kellner selbst die Tätigkeit des Bedienens als in mittlerem Maße belastend

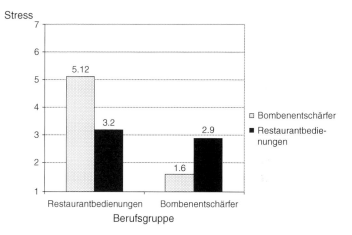

Abb. 5.1   Wahrgenommener Stress von Bombenentschärfern und Restaurantbedienungen

ein; beide Gruppen bewerten den Stress dieser Arbeit mit etwa 3 und unterscheiden sich nicht signifikant voneinander. Ganz anders sieht es mit dem Bombenentschärfen aus: Wie vermutlich Sie und ich empfinden die Restaurantbedienungen diese Tätigkeit mit durchschnittlichen Werten von knapp über 5 als recht belastend und damit als sehr viel mehr belastend als ihre eigene Arbeit. Überraschend ist die Selbsteinschätzung der Bombenentschärfer selbst: Diese Gruppe schätzt die Belastung durch die Tätigkeit als nur sehr gering ein, als nur etwa halb so hoch wie das Bedienen in der Kneipe. Die Gruppenmitgliedschaft hilft hier also, die möglichen Belastungen ganz anders wahrzunehmen und den Stress, den das Entschärfen einer Mine sicherlich auch auslöst, zu normalisieren und ganz anders zu interpretieren. Dies ist eine Bestätigung unserer eingangs aufgestellten Grundannahme, dass eine geteilte Identität bzw. starke

Identifikation die primäre Bewertung eines potenziellen Stressors als tatsächlich belastend reduzieren kann.

Weitere Studien haben diese Grundannahme ebenfalls bestätigt, allerdings mit einem interessanten experimentellen Vorgehen. Levine (1999) untersuchte Sekretärinnen und legte ihnen kleine Szenarien vor, in denen verschiedene Verletzungen vorgegeben wurden – etwa eine entstellende Narbe im Gesicht oder eine Sehnenscheidenentzündung. Bevor die Teilnehmerinnen einschätzen sollten, wie sehr sie die Verletzungen persönlich belasten würden, wurde entweder ihre weibliche Identität betont (indem sie „weiblich" auf allen Seiten des Fragebogens eintragen sollten) oder ihre berufliche Identität (indem sie „Sekretärin" auf den Fragebogen schreiben sollten). Entsprechend dieser kleinen Manipulation wurde die Narbe im Gesicht als wesentlich schlimmer eingeschätzt, wenn die Geschlechtsidentität der Teilnehmerinnen aktiviert war, und die Sehnenscheidenentzündung als deutlich schlimmer, wenn die berufliche Identität im Vordergrund stand.

Ganz ähnlich befragten Levine und Reicher (1996) Sportstudentinnen, als wie belastend sie es empfinden würden, verschiedene Verletzungen zu haben. Dabei ging es sowohl um Verletzungen, die die weibliche Identität der Teilnehmerinnen betrafen wie z. B. wieder eine Verletzung, die eine entstellende Narbe im Gesicht hinterlassen würde, als auch um solche, die die berufliche Identität tangierten, also die die Teilnehmerinnen in der Ausübung eines Sports einschränken würden wie etwa eine Knieverletzung. Erneut wurde – analog zu der Studie mit den Sekretärinnen – einer Hälfte der Teilnehmerinnen ihre weibliche Identität bewusst gemacht, der anderen Hälfte die Identität als Sportlerin.

Wieder war die Narbe im Gesicht unter der aktivierten weiblichen Identität wesentlich belastender als es der Fall war, wenn die Identität als Sportlerin angesprochen wurde; genau umgekehrt verhielt es sich mit der Knieverletzung.

Kommen wir aber noch einmal zurück auf die Bombenentschärfer. Haslam et al. haben für weitere Analysen die beiden Berufsgruppen zusammengefasst und, ähnlich wie in Kap. 2, Mediationsanalysen berechnet. Neben der oben diskutierten Frage nach der Belastung durch die beiden Tätigkeiten wurden alle Teilnehmer nämlich auch nach ihrem Stress bei der Arbeit, ihrer Identifikation mit dem Team und nach der sozialen Unterstützung durch Kollegen gefragt. Es zeigte sich ein starker Zusammenhang zwischen Identifikation und Stress: Je mehr sich die Berufstätigen mit ihrem Team identifizierten, umso weniger Stress bei der Arbeit berichteten sie. Und dieser Zusammenhang wird wiederum vermittelt, d. h. erklärt durch mehr soziale Unterstützung bei den stärker Identifizierten.

Literatur

Haslam, S. A., O'Brien, A. T., Jetten, J., Vormedal, K., & Penna, S. (2005). Taking the strain: Social identity, social support and the experience of stress. *British Journal of Social Psychology, 44,* 355–370.

Levine, R. M. (1999). Identity and illness: The effects of identity salience and frame of reference on evaluation of illness and injury. *British Journal of Health Psychology, 4,* 63–80.

Levine, M., & Reicher, S. (1996). Making sense of symptoms: Self-categorisation and the meaning of illness and injury. *British Journal of Social Psychology, 35,* 245–256.

6

„Steh auf, wenn du ein Schalker bist ...": Hilfsbereitschaft bei Fußballfans

Wir haben in den vielen bisher berichteten Studien gezeigt, dass die stärker identifizierten Studienteilnehmer oder berufstätigen Menschen in unseren Befragungen ganz häufig, wie wir theoretisch vermutet haben, über mehr soziale Unterstützung berichten als die weniger stark identifizierten. Aber: Ist dies vielleicht eine Illusion? Sehen identifizierte Teammitglieder ihr Team und ihre Kollegen vielleicht durch die rosarote Brille? Glauben sie nur, dass sie im Notfall unterstützt werden, oder wird in Gruppen mit stärker geteilter Identität tatsächlich mehr Unterstützung ausgetauscht? Zur Beantwortung dieser Frage wollen wir uns einige Studien ansehen, die Mark Levine durchgeführt hat (er ist allerdings Engländer, wir werden also von den im Titel angesprochenen Schalkern hier doch noch nichts erzählen …).

Levine et al. (2005) rekrutierten an einer englischen Universität ihre Teilnehmer durch einen Aushang, der für eine Studie zum englischen Fußball warb und eine Kontaktnummer angab. Die Interessenten, die dort anriefen, wurden nach einigen demografischen Daten gefragt, u. a. nach ihrem Lieblingsverein in der englischen Premier League. Anschließend wurden nur die 45 Teilnehmer einzeln ins Labor eingeladen, die vorher gesagt hatten, sie seien Fans von Manchester United. Im Labor angekommen wurde ihnen noch einmal gesagt, in der Studie würde es um Fußball gehen. Sie mussten z. B. mehrere Fragebögen zum Thema Fußball ausfüllen, u. a. eine Skala zur Identifikation mit ihrem Lieblingsverein. Dann wurden sie zu einem anderen Gebäude geschickt – angeblich, um dort ein zur Studie gehörendes Video zu sehen. Auf dem Weg dahin begegnete ihnen ein Jogger, der kurz vor ihnen ausrutschte, hinfiel und sich vor Schmerz den Knöchel hielt. Einem Drittel der Teilnehmer kam ein Jogger mit Manchester-Trikot entgegen (natürlich in Wirklichkeit ein Konföderierter, also ein Verbündeter der Versuchsleitung, der ganz gut gelernt hatte, die anschließende Notfallsituation zu schauspielern), ein Drittel traf auf einen Jogger mit einem Trikot des FC Liverpool und ein weiteres Drittel auf einen Jogger mit neutralem Laufshirt. Die Versuchsleiter hatten sich vorher hinter Bäumen und Büschen versteckt und beobachteten, wie die Versuchsperson reagierte. Eigentlich sollte man doch jedem helfen, der gestürzt ist, oder sich zumindest nach dem Befinden erkundigen, oder? Aber so einfach ist es nicht; wie Sie sich denken können, spielt die Identität der beteiligten Personen eine große Rolle. Trug der Jogger ein neutrales Shirt, wurde ihm vier Mal geholfen, doppelt so oft nicht. Trug er ein Shirt des FC Liverpool erhielt er sogar nur in drei Fällen Hilfe, sieben Mal wurde er ignoriert. Dem Träger eines ManU-Shirts dagegen wurde nur ein einziges Mal nicht geholfen. Dreizehn Versuchspersonen, die diesem Jogger begegneten, halfen ihm – das sind über 90 % gegenüber 30 % (Liverpool-Shirt) bzw. 33 % (neutrales Shirt) in den beiden anderen Szenarien. Wenn Sie das nächste Mal joggen gehen, überlegen Sie sich also vorher, welchen Fans sie im Notfall begegnen können, und wählen Sie Ihre Garderobe entsprechend!

Allerdings führten Levine et al. noch ein weiteres Experiment durch. Es verlief im Wesentlichen nach demselben Muster: Sie rekrutierten auf die gleiche Art und Weise Manchester-United-Fans, die einige Fragebögen ausfüllen und sich danach zu einem anderen Gebäude begeben sollten. Wieder kam ihnen ein stolpernder Jogger entgegen und wieder trug dieser entweder ein ManU-, Liverpool- oder ein neutrales Shirt. In diesem Experiment wurde den Teilnehmern aber eine gemeinsame positive Identität *aller* Fußballfans suggeriert. Bei der Begrüßung im Labor und in den Instruktionen zum Fragebogen wurde ihnen nämlich gesagt, dass die meiste Forschung sich auf negatives Verhalten von Fans konzentrieren würde, z. B. auf das aggressive Verhalten einiger weniger Hooligans. *Diese* Studie aber stelle nunmehr die Attraktivität des Fußballsports in den Mittelpunkt und ziele darauf, herauszuarbeiten, wie schön es allgemein sei, zu den Fußballfans zu gehören. Was denken Sie, wem jetzt weniger geholfen wurde? Richtig: dem Läufer mit dem neutralen Trikot, und zwar erhielt er in nur 22 % der Fälle Hilfe. Dem Jogger mit ManU-Shirt wurde zu 80 % geholfen und dem Jogger mit Liverpool-Shirt in fast genauso häufigen 70 %. Auch hier führt also die gemeinsame Identität, dieses Mal aber die gemeinsame Identität als Fußballfans und nicht die eines speziellen Vereins, zu mehr Unterstützung.

Auch die Studien von Levine et al. (2002) zeigen, dass die Entscheidung, ob Hilfe geleistet wird, von der Gruppenmitgliedschaft beeinflusst wird. In der ersten Studie an der Universität Lancaster kamen immer jeweils zwei Studenten als Probanden ins Labor. Ihnen wurde gesagt, sie sollten zusammen mit zwei weiteren Personen kleine Videos beurteilen, die sich alle vier gemeinsam ansehen würden. Die beiden anderen Versuchsteilnehmer waren in Wirklichkeit Konföderierte der Versuchsleitung; sie gaben sich in der Hälfte der Fälle als Studenten der Universität Lancaster aus, wodurch sie also mit den echten Teilnehmern eine gemeinsame Gruppenmitgliedschaft verband. In der anderen Hälfte der Experimente stellten sich die Konföderierten als Studenten des Morecambe College vor, also als Angehörige einer anderen Gruppe. Alle Teilnehmer sahen dann ein kurzes Video, das so aufgenommen war, als stammte es von einer öffentlichen Überwachungskamera (es war in Schwarz-Weiß, von relativ schlechter Qualität usw.). Es zeigte eine kurze Gewaltszene mit einem Opfer und einem Täter. Die Teilnehmer sollten danach zuerst laut sagen, ob sie in der Szene einschreiten und dem Opfer helfen würden, und anschließend einige Fragebögen ausfüllen. Die Konföderierten gaben ihre Antworten dabei zuerst, gefolgt von den echten Versuchsteilnehmern. Wenn die Konföderierten aus der anderen Gruppe stammten, ließen sich die Versuchspersonen nicht beeinflussen. Unabhängig davon, was die Konföderierten zuvor äußerten, ob sie helfen würden oder nicht, brachten die echten Versuchspersonen mit einem Mittelwert von ca. 3,5 (auf einer Skala von 1 = würde auf keinen Fall helfen bis 7 = würde auf jeden Fall helfen) etwa mittelmäßige Hilfsbereitschaft zum Ausdruck. Ganz anders war es in den Versuchsbedingungen, in denen die Konföderierten angeblich aus der eigenen Gruppe der Lancaster-Studierenden stammten. Gaben die Konföderierten an, sie würden nicht helfen, meinten die echten Versuchspersonen im Durchschnitt mit 2,5, dass sie auch eher nicht helfen würden. Wenn die Konföderierten aber vorher sagten, dass sie in der Situation eingreifen und den Opfern helfen würden, bekundeten das auch die echten Versuchsteilnehmer mit einem Durchschnittswert von ca. 6. Wir lassen uns also sehr davon beeinflussen, was andere tun – aber nur, wenn es sich dabei um Angehörige der eigenen Gruppe handelt.

In ihrem zweiten Experiment luden Levine und Kollegen erneut Studierende der Universität Lancaster ins Labor ein und wieder sahen sie ein kurzes Video, in dem ein junger Mann (aus der Stadt Lancaster) einen anderen jungen Mann körperlich attackierte. Das Opfer wurde entweder als Mitglied der eigenen Gruppe beschrieben (ein Student der Uni Lancaster) oder nicht (ein junger Mann aus der Stadt Lancaster). Anschließend wurden die Teilnehmer wiederum gebeten anzugeben, ob sie dem Opfer helfen würden oder nicht. Dem Opfer „aus der Stadt" wurde mit Durchschnittswerten von 3,1 eher wenig Hilfe zuteil, war das Opfer dagegen als Angehöriger der eigenen Uni ausgegeben worden, stieg die Hilfeleistung deutlich an: auf einen Mittelwert von 5,4.

Diese Studien zeigen also ganz klar, dass wir tatsächlich bereit sind, Mitgliedern der eigenen Gruppe, mit der wir eine gemeinsame Identität teilen, mehr zu helfen und dies auch tatsächlich tun. Auch wenn es sich in den letzten beiden Studien um eine recht künstliche Laborsituation handelt und in den Fußballfanstudien ebenfalls nur um eine künstlich hergestellte Situation, so sind die Ergebnisse doch sehr wichtig, weil sie die theoretische Annahme bestätigen, dass geteilte Identifikation zu mehr Unterstützung führt. Dies experimentell nachgewiesen zu haben ist wiederum wichtig für die Beleuchtung der Zusammenhänge von Ursache und Wirkung. Denn man könnte natürlich auch argumentieren, nicht die Identifikation beeinflusse die Unterstützung, sondern es verhalte sich gerade umgekehrt. Man identifiziere sich nur dann mit seinen Gruppenmitgliedern, wenn man zuvor von ihnen unterstützt worden sei. Einen Zusammenhang in dieser Richtung bei den vorher berichteten Fragebogenstudien können wir nicht ausschließen und wollen dies auch nicht. Denn vermutlich geht der Zusammenhang in echten Gruppen, die länger zusammen sind, tatsächlich in beide Richtungen: Stark identifizierte Gruppenmitglieder unterstützen sich gegenseitig mehr und diese Unterstützung führt anschließend wieder zu stärkerer Identifikation. Im Experiment zu zeigen, dass es aber eine Wirkrichtung von der Identität auf die Unterstützung gibt, ist wichtig für die Ableitung von Maßnahmen. Wenn man weiß, dass die Identität die Ursache ist, kann man davon ausgehen, dass eine Steigerung der Ursache (also eine Erhöhung der Identifikation) auch die gewünschte Wirkung hat, nämlich hier eine stärkere Unterstützung. Wir werden uns als Nächstes weitere Studien im Labor ansehen, die wiederum zum Ziel haben, uns bei der Frage nach „der Henne und dem Ei" Antworten zu geben.

Literatur

Levine, M., Cassidy, C., Brazier, G., & Reicher, S. (2002). Self-categorization and bystander non-intervention: Two experimental studies. *Journal of Applied Social Psychology, 32,* 1452–1463.

Levine, M., Prosser, A., Evans, D., & Reicher, S. (2005). Identity and emergency intervention: How social group membership and inclusiveness of group boundaries shapes helping behavior. *Personality and Social Psychology Bulletin, 31,* 443–453.

7

Im psychologischen Labor: Wie man (nicht nur) Studenten unter Stress setzt

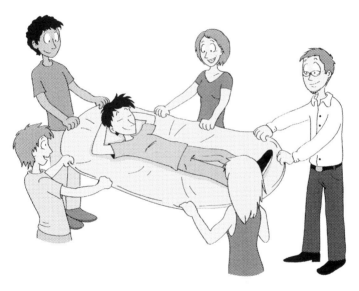

Bislang haben wir uns vor allem Studien „im Feld" angesehen, also solche Studien, die mit Menschen in verschiedenen realen Kontexten – z. B. in Bezug auf eine Berufsgruppe wie Lehrer oder Bombenentschärfer oder eine Organisation wie Krankenhäuser oder Unternehmen – durchgeführt wurden. In diesen Studien wurden die betreffenden Personen nach ihren ganz konkreten Einstellungen bzw. Verhaltensweisen im Hinblick auf diese Kontexte untersucht. Wenn ich bspw. einen Bankkaufmann nach seiner Identifikation mit der Bank, bei der er angestellt ist, frage und dann prüfe, ob sich diese Identifikation positiv auf seine Gesundheit und negativ auf sein Erleben von Stress bei der Arbeit auswirkt, handelt es sich dabei um eine Feldstudie. Sie hat das große Plus, dass die Ergebnisse eine hohe sog. ökologische oder externe Validität haben; das bedeutet, man kann sie leicht auf Mitarbeiter ähnlicher Unternehmen oder Berufsgruppen übertragen. Diesen Vorteil besitzen Laborstudien in aller Regel nicht.

Ich werde im Folgenden von verschiedenen Untersuchungen berichten, die meist mit Studierenden als Versuchsteilnehmern durchgeführt wurden. Studien mit Studenten sind nicht unbedingt weniger valide, solange ich die Studenten z. B. zu ihrer Identifikation mit der Universität und ihrem allgemeinen Gesundheitszustand befrage. Die Ergebnisse könnte man dann sehr wohl verallgemeinern und auf Studierende, vielleicht auch Schüler und Auszubildende, übertragen. In der Regel sprechen wir bei Untersuchungen mit Studierenden aber von Laborstudien. Diese lassen sich nicht gut auf Situationen außerhalb des Labors übertragen, sie haben jedoch ganz entscheidende Vorteile, die in Box 7.1 dargestellt sind.

Box 7.1 Der besondere Wert von kontrollierten Laborstudien
Eine typische Laborstudie sieht folgendermaßen aus: Versuchspersonen werden durch Aushang oder E-Mail eingeladen, zu einer bestimmten Zeit in einen als Labor bezeichneten Raum

der Universität zu kommen. In psychologischen Experimenten handelt es sich dabei in der Regel um Psychologiestudierende aus den ersten Semestern. Den Probanden wird zuerst mitgeteilt, dass ihre Teilnahme freiwillig ist und sie das Experiment jederzeit abbrechen können. Danach wird ihnen grob erklärt, worum es geht – wobei sie manchmal freilich über den wahren Zweck des Experiments bewusst im Unklaren gelassen und erst am Ende des Experiments vollständig darüber aufgeklärt werden, was wirklich Inhalt und Ziel der Studie ist. Anschließend werden die Versuchspersonen zufällig einer der Bedingungen zugeordnet (das kann auch schon vorher, z. B. per Los oder Würfel geschehen); diese zufällige Zuteilung der Probanden ist eines der wichtigsten Merkmale eines Experimentes. Wenn ich etwa überprüfen möchte, ob sich negatives Feedback auf die Stimmung auswirkt, lose ich eine Hälfte der Versuchspersonen einer Bedingung zu, in der sie einen kurzen Aufsatz schreiben müssen, für den sie dann vom Versuchsleiter eine schlechte Beurteilung bekommen. Die andere Hälfte der Versuchsteilnehmer muss einen Aufsatz zum gleichen Thema schreiben, erhält dafür jedoch ein neutrales oder positives Feedback. Diese Manipulation von Feedback in den beiden Bedingungen nennt man die unabhängige Variable. Sie ist in dem Fall zweifach gestuft, in neutral und negativ. Ein Experiment kann aber auch eine mehrfach gestufte unabhängige Variable (z. B. neutral – positiv – negativ – gar kein Feedback) oder sogar mehrere unabhängige Variablen enthalten, die miteinander kombiniert werden. Im Anschluss daran findet die Messung des Kriteriums statt, anhand dessen man seine Hypothese überprüfen möchte. Beispielsweise könnte man Stimmung mit einer entsprechenden Skala verschiedener Adjektive erfassen (wie fühlen Sie sich jetzt im Moment? Sicher – unsicher; stark – schwach; aktiv – passiv usw.).

Entscheidend bei einem Experiment sind zwei Dinge: Erstens muss die Zuordnung der Versuchspersonen zu einer der Bedingungen tatsächlich zufällig erfolgen und dabei dürfen keine Fehler passieren. Wenn ich z. B. immer sechs Personen gleichzeitig in mein Labor zum Versuch einlade und aus Bequemlichkeit stets alle sechs der gleichen Bedingung zuordne, könnte es sein, dass die erste Sechsergruppe aus engen Freunden besteht, die sich vorher zu diesem Termin verabredet hatten, die zweite Sechsergruppe dagegen aus Fremden, die sich nicht kennen. Finde ich hinterher Unterschiede bei der Stimmung, könnte dies auf meine unabhängige Variable (also die Bedingung) zurückgehen, aber auch darauf, dass ich Freunde mit Fremden vergleiche – das Experiment wäre daher wertlos. Oder: Ich teste in der ersten Wochenhälfte alle Personen in der Bedingung mit negativem Feedback; in der zweiten Wochenhälfte führe ich die Versuche der anderen Bedingung durch. Bekomme ich nun Unterschiede in der Stimmung heraus und nehme dies als Beleg für meine Hypothese, mache ich einen großen Fehler, denn fast alle Menschen sind in der ersten Wochenhälfte im Durchschnitt in etwas schlechterer Stimmung als später in der Woche (am meisten positiv gelaunt ist man am Freitag und Samstag). Die tatsächlich zufällige Zuordnung ist also ganz wichtig. Der andere wesentliche Aspekt bei einem Experiment ist die Standardisierung der Untersuchungsmaterialien. Alle Versuchspersonen bekommen das gleiche Material, arbeiten unter gleichen oder zumindest sehr ähnlichen Bedingungen (z. B. hinsichtlich der Lichtverhältnisse usw.). Dadurch kann ich ausschließen, dass Unterschiede in meiner Kriteriumsmessung darauf zurückgehen, dass manche Versuchspersonen in einem leisen Raum, andere unter Lärm etc. gearbeitet haben.

Wenn ich die genannten Aspekte berücksichtige, haben die Ergebnisse einer Laborstudie einen ganz entscheidenden Vorteil gegenüber einer Feldstudie: Ich kann ganz genau sagen, dass Unterschiede in der abhängigen Variablen (der Stimmung) auf Unterschiede in der unabhängigen Variablen (dem Feedback) zurückgehen. Ich habe also gezeigt, dass das Feedback die Ursache für die Stimmung ist und nicht umgekehrt. Durch die zufällige Aufteilung und die Kontrolle von störenden Einflüssen kann es keinen anderen Grund geben und es kann auch nicht sein, dass die Stimmung auf das Feedback gewirkt hat. Würde ich allerdings beides in einer Gruppe von Studenten gleichzeitig messen (z. B. indem ich in einem Fragebogen ermittle, ob man ein gerade erhaltenes Feedback als positiv oder negativ wahrnimmt und wie die Stimmung ist), könnte es auch sein, dass der Teilnehmer schon morgens missgelaunt war, daher schlechtere Leistungen erbracht hat und deshalb ein negatives Feedback bekam. Ich kann also nicht auseinanderhalten, was die Henne und was das Ei ist. Zu wissen, was die Ursache und was die Wirkung ist, ist aber entscheidend dafür, dass ich mit den Ergebnissen meiner Studie Lehrer oder Manager beraten kann. Denn nur wenn ich klar erkenne, was die Ursachen sind, kann ich auch Empfehlungen geben, wie man sie ändert.

Im Idealfall wird zu einer Thematik nicht nur eine Studie durchgeführt, sondern man kombiniert Feld- und Laborforschung. Dann kann man aufgrund der Feldstudien z. B. sagen, dass Identifikation und Unterstützung zusammenhängen, und anhand eines Experimentes zeigen, dass eine hohe Identifikation ursächlich für mehr Unterstützung ist.

Kommen wir nun zu einer ersten Laborstudie, die Jan Häusser, Maren Kattenstroth, Andreas Mojzisch und ich (2012) an der Universität Hildesheim durchgeführt haben. Um bei den Teilnehmern Stress auszulösen, benutzten wir ein Standardverfahren, den Trier Social Stress Test (TSST), den wir in Box 7.2 kurz vorstellen.

Box 7.2 Stress in Trier? Der Trier Social Stress Test

Der Trier Social Stress Test wurde von Wissenschaftlern an der Universität Trier entwickelt (Kirschbaum et al. 1993) und seither in Dutzenden von Studien weltweit eingesetzt (s. für einen Überblick: Kudielka et al. 2007). Der Test kann mit Einzelpersonen durchgeführt werden, aber auch mit Gruppen von z. B. drei Teilnehmern, die gemeinsam in einem Raum sind und die Aufgabe nacheinander absolvieren. Die Probanden werden zunächst informiert, dass sie an einer Übung zur Bewerberauswahl teilnehmen werden. Sie sollen sich vorstellen, sie hätten sich um einen Job beworben und sollten als erste Aufgabe sich selbst einem Auswahlkomitee vorstellen. Sie bekommen drei Minuten Zeit, um sich darauf vorzubereiten. Danach sollen sie sich zwei Juroren präsentieren und in zwei Minuten möglichst viel Interessantes über sich erzählen. Die Versuchspersonen stehen dabei vor einem Tisch, an dem die beiden Juroren sitzen, die dem Bewerbungsvortrag aufmerksam zuhören, sich Notizen machen und einige kritische Bemerkungen machen („das kennen wir schon aus Ihrem Lebenslauf"), insgesamt aber eher neutral bleiben. Die Teilnehmer werden außerdem auf Video aufgenommen. Anschließend sollen die mathematischen Fähigkeiten der Versuchspersonen geprüft werden (natürlich geht es nicht wirklich darum, sondern lediglich darum, Stress auszulösen), indem sie laut in 17er-Schritten ausgehend von der Zahl 2043 rückwärts zählen sollen. Probieren Sie dies selbst einmal kurz … ganz schön anstrengend, oder? Wieder verhält sich die Jury neutral, sagt aber bei jedem Fehler: „Falsch, bitte beginnen Sie von vorn." Wird der Test in Gruppen durchgeführt, halten die Teilnehmer erst nacheinander ihre Bewerbungsvorträge, anschließend zählen sie nacheinander rückwärts, wobei aber die Startzahlen variiert werden. Vor, während und nach den Testaufgaben können verschiedene Stressmaße erhoben werden, z. B. der Blutdruck, Cortisol (durch Speichelproben) oder subjektiv, indem die Teilnehmer nach ihrer momentanen Verfassung gefragt werden.

In unserer Studie luden wir immer drei Teilnehmer gleichzeitig ins Labor ein. Die Hälfte der Gruppen unterzogen wir dem TSST, die andere Hälfte bekam ebenfalls Aufgaben, aber nur solche, die nicht belastend waren – sie sollten zwei Minuten lang einen Text vorlesen und anschließend, beginnend bei eins, in 15er-Schritten vorwärts zählen. Dabei wurden sie weder auf Video aufgezeichnet noch war eine Jury anwesend, die ihre „Leistung" beurteilte. Wir teilten die Dreiergruppen immer zufällig einer dieser beiden Bedingungen – Stress-TSST vs. Placebo-TSST – zu. Vor und nach dem Test sowie dreimal während des Tests nahmen wir Speichelproben, die anschließend im Labor auf ihre Cortisolwerte analysiert wurden, wobei ein Anstieg des Cortisolspiegels ein gutes Maß für die aufgetretene Belastung darstellt.

Bevor die Teilnehmer mit dem TSST begannen, wurden die Gruppen innerhalb der beiden Bedingungen aber noch einmal – wiederum per Zufall – in zwei weitere Bedingungen unterteilt. In der Bedingung mit hoher sozialer Identität ließen wir die drei Teilnehmer kurz aufschreiben (jeden für sich), was sie wohl alle gemeinsam hätten. Außerdem machten wir von ihnen ein Gruppenfoto, gaben ihnen einen Gruppennamen und gleichfarbige T-Shirts, die sie während des Versuchs tragen sollten. In der anderen Bedingung mit niedriger sozialer Identität sollten Testpersonen ihre Unterschiede aufschreiben; wir gaben ihnen unterschiedliche T-Shirts, Einzelnamen und machten Einzelfotos von ihnen. Die Ergebnisse waren eindeutig und bestätigten unsere Hypothesen (vgl. Abb. 7.1). Wie man in der linken Hälfte der Abbildung sieht, löst der Placebo-TSST erwartungsgemäß keine Cortisolveränderungen aus – im Durchschnitt steigt hier nichts an, ganz unabhängig von der Frage, ob die Teilnehmer eine niedrige oder hohe soziale Identität aufgebaut haben. Ganz anders in der echten TSST-Bedingung. Hier stiegen ab der dritten Messung (kurz nach der ersten belastenden Aufgabe) die Cortisolwerte deutlich an, und zwar bei allen Teilnehmern! Wie man aber auch sieht, und das ist das Entscheidende für unsere Fragestellung, war der Anstieg in der Gruppe, die zuvor eine gemeinsame soziale Identität aufbauen konnte (die gestrichelte Linie), deutlich geringer als in der anderen Bedingung, in der jeder für sich „kämpfte" (die durchgezogene Linie).

In weiteren Analysen konnten wir auch die vorhergesagte Mediation zeigen. Wir hatten nach den Aufgaben alle

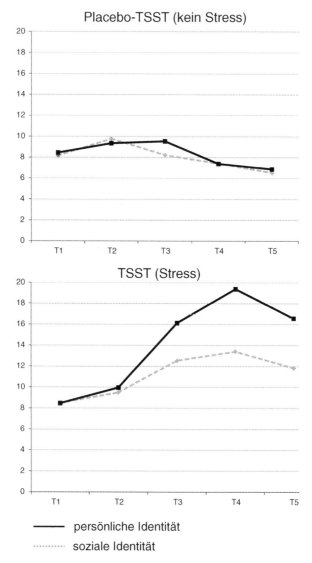

Abb. 7.1 Die Wirkung von belastenden Aufgaben und sozialer Identität auf Stress, gemessen durch Cortisol

Teilnehmer gefragt, wie stark sie sich mit ihrer Gruppe identifizieren würden. Die Identifikation war bei den Teilnehmern in den Bedingungen mit sozialer Identität erwartungsgemäß höher und mediierte den Zusammenhang zwischen Identitätsbedingung und Cortisolveränderung. Das bedeutet: Schon eine minimale und kurzfristige Intervention (gleiche T-Shirts, Gruppenfoto etc.) kann eine geteilte Identität aufbauen – diese führt zu stärkerer Identifikation mit der Gruppe und hilft, mit der Belastung durch die Aufgaben besser umzugehen!

In ganz ähnlicher Weise untersuchten wir in einer weiteren Studie die gemeinsame Rolle geteilter Identität und sozialer Unterstützung. Erinnern Sie sich, dass – wie wir in Kap. 3 beschrieben haben – soziale Unterstützung nicht immer nur positiv gesehen wird, weil man sich als Empfänger der Unterstützung manchmal auch herabgesetzt oder abgewertet fühlt? Dies wurde durchaus auch in manchen Studien bestätigt, in denen soziale Unterstützung eher negative oder zumindest keine positiven Wirkungen entfalten konnte. Shelley Taylor et al. (2010) setzten z. B. in einer Laborstudie den TSST ein, indem sich die Mitglieder der Jury gegenüber den Probanden in einer Bedingung dem TSST-Standard entsprechend neutral verhielten. In einer anderen Bedingung reagierten die Jurymitglieder dagegen unterstützend, indem sie lächelten, mit dem Kopf nickten und positive Bemerkungen machten. Zur Überraschung von Taylor und ihren Kollegen hatte das unterstützende Verhalten keinerlei Effekt. Die Probanden in dieser Bedingung reagierten mit mindestens ebenso viel Stress, gemessen über Cortisolanstieg; tendenziell war ihr Stresslevel gegenüber der neutralen Bedingung sogar eher erhöht. Taylor und Kollegen schlussfolgerten daraus, dass der Stress, den die Juroren durch ihr Beobachten und das Bewerten auslösen, stärker sei als die möglichen positiven Effekte von Unterstützung und Unterstützung in solchen Situationen eben nichts nütze.

Im Sinne der Theorie der sozialen Identität entwickelten wir eine etwas andere Hypothese, nämlich die, dass eine geteilte soziale Identität den Rahmen bildet, innerhalb dessen die gegebene und empfangene soziale Unterstützung positiv und ohne Misstrauen interpretiert werden kann. Wird die Jury als Teil einer großen Gruppe, der man selbst angehört, wahrgenommen, sollte ein entsprechendes unterstützendes Verhalten sich auch durchaus positiv auswirken. Genau diese Hypothese wollten wir in einer Studie mit Johanna Frisch et al. (2014) überprüfen. Wieder haben wir an der Universität Hildesheim Studierende ins Labor eingeladen und wieder wurden sie den belastenden Aufgaben des TSST unterzogen. Die Teilnehmer kamen immer alleine ins Labor und trafen dort auf zwei weitere angebliche Versuchspersonen, die in Wirklichkeit Konföderierte der Versuchsleiter waren. Zunächst wurde, wie in der oben beschriebenen Studie von Häusser et al. (2012), entweder eine persönliche Identität oder eine geteilte soziale Identität hergestellt, indem wieder Einzelbilder vs. Gruppenfotos von den Dreiergruppen gemacht, sie mit Einzel- oder Gruppennamen angesprochen wurden und sie sich über Unterschiede bzw. Gemeinsamkeiten austauschen sollten. Danach erläuterte man den Probanden den TSST und bestimmte sie (angeblich zufällig) per Los entweder zum Teilnehmer oder zu Jurymitgliedern. Bei der anschließenden Durchführung der TSST-Aufgaben, also dem Bewerbungsvortrag und dem

Rückwärtszählen, verhielt sich die Jury wie in der Studie von Taylor et al. in der Hälfte der Bedingungen neutral, in der anderen Hälfte unterstützend. Anders als bei Taylor hatte soziale Unterstützung diesmal durchaus einen Effekt (vgl. Abb. 7.2).

Wie auf der linken Seite der Abbildung zu sehen, hatte soziale Unterstützung keine Wirkung in der Bedingung, in der die Teilnehmer keine geteilte soziale Identität entwickelt hatten. Die beiden Kurven verlaufen völlig parallel, d. h., bei allen Teilnehmern steigt der Stress durch die TSST-Aufgaben an, unabhängig davon, ob sich die Jury unterstützend verhält oder nicht. Ein ganz anderes Bild ergibt sich in der Bedingung, in der zunächst eine geteilte Identität entwickelt wurde (Abb. 7.2, rechts). Hier ist klar erkennbar, dass die Teilnehmer, die von ihrer Jury unterstützt werden, auch davon profitieren und der Cortisolanstieg erheblich weniger Stress anzeigt. Man sieht aber auch, dass die geteilte Identität in dieser Bedingung alleine nicht ausreicht, um die Belastungen zu reduzieren: Eine geteilte Identität ohne Unterstützung führt zu deutlichen Stressanstiegen wie in der Bedingung mit persönlicher Identität!

In einer weiteren Studie haben Jürgen Wegge, Sebastian Schuh und ich (2012) diesmal keine Studierenden, sondern 96 berufstätige Callcenteragenten in unser Labor eingeladen. Ihnen wurde ein Unternehmen „OTKOM" beschrieben, in dem sie für die Dauer des Experimentes im Callcenter arbeiten sollten. Sie bekamen jeweils einzeln ein Telefon mit Headset und einen Computer mit einem Programm, in dem sie bei Bestellungen oder Anfragen die entsprechenden Informationen finden konnten. Nach der Beschreibung sollten sie zunächst einen Fragebogen ausfül-

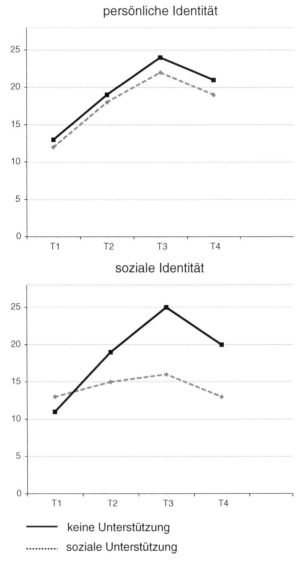

Abb. 7.2 Die Rolle von sozialer Unterstützung bei belastenden Aufgaben, gemessen durch Cortisol

len und dabei u. a. angeben, wie sehr sie sich mit der Firma OTKOM identifizieren würden. Die Hälfte der Agenten wurde dabei von uns mit einem unfreundlichen „Kunden" konfrontiert, der natürlich in Wirklichkeit von einem dafür speziell trainierten Versuchsleiter gespielt wurde. Dieser machte insgesamt sechs sehr unfreundliche Bemerkungen. Dreimal beschimpfte er die Produkte von OTKOM, dreimal beleidigte er den Agenten persönlich (z. B. „das ist der schlechteste Service, den ich je bekommen habe"). Die Callcenteragenten in der anderen Bedingung hatten mehr Glück: Sie wurden von freundlichen Kunden angerufen, die ebenfalls sechs Aussagen machten, die aber allesamt entweder das Produkt oder die Beratung lobten. Vor und nach der telefonischen Interaktion mit dem Kunden nahmen wir von den Teilnehmern Speichelproben, mit denen wir in dieser Studie das Stresslevel über das Immunglobulin A (IgA) bestimmten. Abbildung 7.3 zeigt die Ergebnisse.

Sind die Kunden freundlich, unterscheiden sich die Agenten mit hoher Identifikation nicht von den weniger identifizierten. Ein klarer Unterschied ergibt sich aber bei den unfreundlichen Kunden: Hier ist das Stresslevel bei den stark identifizierten gegenüber den nur schwach identifizierten Studienteilnehmern deutlich geringer. Die Agenten in der Bedingung mit den unfreundlichen Kunden sagten uns übrigens im anschließenden Aufklärungsgespräch, bei dem die Prozeduren und Hypothesen des Experiments noch einmal erklärt wurden (so ein Gespräch sollte in keiner Laborstudie fehlen, vor allem dann, wenn Versuchspersonen getäuscht werden müssen), es sei durchaus nicht unrealistisch, derart beleidigt zu werden, und sie würden ähnliche Kunden aus ihrem Berufsalltag durchaus kennen.

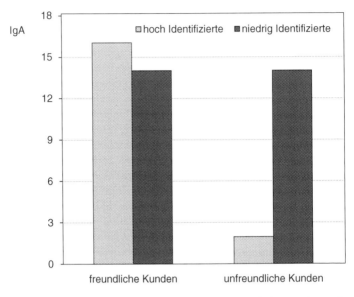

Abb. 7.3 Stresswerte bei Callcenteragenten nach Gesprächen mit freundlichen bzw. unfreundlichen Kunden

Wie unsere Ergebnisse zeigen, hilft auch in diesem Kontext eine stärkere Identifikation – selbst mit einer „simulierten" Organisation –, mit dem Stress besser umzugehen. Eher am Rande sei noch ein zusätzlicher Befund dieser Studie berichtet. Neben dem Stressmaß über IgA und den Fragen zur Identifikation mit OTKOM haben wir die Teilnehmer am Ende der Interaktionen nach ihren Emotionen gefragt. Dazu benutzten wir den weltweit immer wieder eingesetzten PANAS-Fragebogen, mit dem positive und negative Empfindungen erfasst werden können (s. Box 7.3).

Box 7.3 Der PANAS-Fragebogen zur Erfassung von Emotionen

Der heute kurz als PANAS (Positive and Negative Affect Schedule) bezeichnete Fragebogen wurde von Watson und Kollegen (z. B. Watson und Clark 1994; Watson et al. 1998) entwickelt, um im Alltag gleichermaßen wie im Labor sowohl aktuelle als auch etwas überdauernde Emotionen messen zu können. Dieses Instrument wurde in unzähligen Studien weltweit eingesetzt; Krohne et al. (1996) übertrugen ihn ins Deutsche. Das Instrument ist verblüffend einfach und besteht aus zehn positiven (z. B. ruhig, zufrieden, wach, tatkräftig) und zehn negativen (z. B. schläfrig, bekümmert, passiv) Adjektiven, für die der Teilnehmer jeweils sagen soll, wie sehr (meist auf einer 5-stufigen Skala) er sich im Moment so fühlt (bzw. für andere Studienzwecke, wie sehr man sich im Allgemeinen so fühlt). Danach werden die Werte für positiven und negativen Affekt getrennt aufsummiert. Anhand des PANAS wurde z. B. festgestellt, dass unsere negative Stimmung am Sonntag am größten ist und sich von da an kontinuierlich bis Samstag verbessert, während die positive Stimmung am Sonntag am geringsten ist und sich dann Tag für Tag verbessert. Die Tage, an denen wir uns somit am meisten positiv und am wenigsten negativ fühlen, sind also die Freitage und Samstage – erkennen Sie sich wieder?

Da die Teilnehmer während der Interaktion mit den „Kunden" auf Video aufgezeichnet wurden, konnten wir außerdem auszählen, wie oft sie „ich" im Gespräch mit dem Kunden sagten, und wir nutzten diese Zahl (dividiert durch die Gesamtzahl gesprochener Worte) als Maß für die personale Identität. Wir fanden erwartungsgemäß, dass die Interaktion mit den unfreundlichen Kunden die Agenten sehr viel stärker in negative Stimmung versetzte als die Interaktion mit freundlichen Kunden. Und wir entdeckten einen Zusammenhang zwischen negativen Emotionen und der personalen Identität, d. h., je stärker negativ die Personen ihre Stimmung einschätzten, umso weniger sahen sie sich als identifizierte Vertreter von OTKOM und desto seltener sprachen sie von „wir", sondern empfanden sich als Individuen.

Jones und Jetten (2011) haben sich in zwei Studien angesehen, ob die Zugehörigkeit zu Gruppen dazu beiträgt, mit Stress besser umzugehen. Eine Studie war experimentell und wurde im Labor mit 56 Studierenden durchgeführt. Diese wurden zufällig auf eine von drei Bedingungen aufgeteilt, in denen sie sich entweder einer, drei oder fünf verschiedenen Gruppen (z. B. Geschlecht, Alter, Nationalität, Studienfach) zuordnen sollten. Anschließend sollten sie auf einer Skala von 1 bis 7 einschätzen, wie wichtig ihnen diese Gruppen seien (bzw. für die Studierenden in der ersten Bedingung, wie wichtig ihnen diese eine Gruppe sei), und dann in einigen Stichworten aufschreiben, warum ihnen die Gruppen wichtig oder eher unwichtig seien. Die Einschätzungen bzw. Antworten wurden nicht weiter ausgewertet, dienten aber der Verstärkung des Denkens an eine bzw. verschiedene Gruppen. Anschließend wurden die Studenten gebeten, ihre Hand in ca. 1 °C kaltes Eiswasser zu tauchen. Dies ist eine typische Aufgabe, um leichten Schmerz bzw. Stress zu erzeugen (s. Mitchell et al. 2004). Abbildung 7.4 zeigt die Ergebnisse. Die durchschnittliche Dauer über alle Teilnehmer hinweg betrug etwa 32 s. Sie können zu Hause einmal versuchen, Ihre Hand so lange in eiskaltes Wasser zu halten – eine halbe Minute kann ganz schön lang sein! Wie die Abbildung erkennen lässt, liegen die Teilnehmer, die vorher an drei Gruppen denken sollten, etwa im Durchschnitt und unterscheiden sich nicht statistisch signifikant

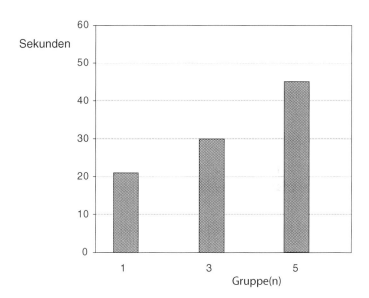

Abb. 7.4 Durchschnittliche Zeit, die Studierende ihre Hand in Eiswasser halten – in Abhängigkeit von der Anzahl der aktivierten Gruppen

von den Studierenden, die nur an eine Gruppe denken sollten. Diejenigen aber, denen vorher bewusst gemacht wurde, dass sie Mitglied vieler verschiedener Gruppen sind (nämlich mindestens der fünf, an die sie denken sollten), hielten wesentlich länger durch. Eingebundensein in viele soziale Gruppen kann also die Resilienz steigern, d. h. die Fähigkeit, auch unangenehme Ereignisse auszuhalten und mit ihnen fertig zu werden.

In der zweiten Studie übertrugen Jones und Jetten (2011) dieses Prinzip auf einen realen Kontext. Dazu untersuchten sie zwölf Mitglieder der britischen Royal Air Force, die als Athleten für einen Trainingskurs in Wintersportarten ausgewählt waren. Auf dem Trainingsprogramm stand für sieben Athleten das Bobfahren, für drei der Rennschlitten und für zwei das Skeleton-Training (eine Mischung aus Bob und Schlitten). Am Abend vor der ersten Trainingseinheit füllten die Teilnehmer verschiedene Fragebögen aus, in denen sie u. a. der Aussage „Ich gehöre vielen Gruppen an" auf einer 7-stufigen Skala zustimmen sollten. Während der folgenden drei Trainingstage trugen die Athleten eine Pulsuhr. Damit wurde ihre Herzrate jeweils direkt nach jeder Trainingsaktivität sowie eine Minute später gemessen und die Differenz als Gesundheitsindikator verwendet. Studien zeigen, dass die Zeitspanne, die es braucht, bis unser Herz nach Belastungen wieder langsamer schlägt (der sog. Recovery-Index), ein wichtiger Gradmesser für die Lebenserwartung ist. Die Analysen belegen einen sehr engen Zusammenhang zwischen der Zustimmung zu einer Vielzahl von Gruppen und dem Recovery-Index, d. h., wenn die Teilnehmer angaben, dass sie vielen verschiedenen Gruppen angehörten, erholten sie sich nach Belastungen schneller. Auch hier ist die Ursache-Wirkungs-Kette natürlich nicht gesichert; vielleicht sind Menschen, deren Herzfreqenz sich schneller erholt, auch umgänglicher und haben deshalb mehr Freunde o. Ä. Aber gemeinsam mit den experimentellen Befunden der ersten Studie haben wir wieder ein weiteres Puzzleteil, das unsere grundsätzliche Hypothese unterstützt: Gruppen (und zwar im Idealfall viele) helfen, mit Belastungen besser umzugehen bzw. sie länger auszuhalten.

Weil es gerade so schön passt, soll hier noch eine weitere Serie von Experimenten kurz erwähnt werden, bei denen sich Bastian et al. (2014) einmal die umgekehrte Richtung des Zusammenhangs angeschaut haben. Sie haben Studierende erst unter Stress gesetzt, indem sie ihnen Schmerzen zufügten, und dann den Zusammenhalt in der Gruppe und die Kooperationsbereitschaft gemessen. In der ersten Studie wurden 45 Studierende per Zufall entweder in eine Schmerzbedingung eingeteilt oder in eine Kontrollgruppe. In der Schmerzbedingung sollten die Gruppen von Teilnehmern jeweils einzeln ihre Hände so lange wie möglich in eiskaltes Wasser halten (s. o.) und danach möglichst lange in einer (auf die Dauer durchaus unangenehmen) Hockposition verharren. Anschließend füllten die Teilnehmer Fragebögen aus, u. a. zum Zusammenhalt in der Gruppe – mit ganz ähnlichen Fragen, wie diejenigen, die wir zur Messung von Identifikation verwenden. Die beiden Gruppen unterschieden sich entsprechend der Erwartungen: Die Teilnehmer, die vorher zusammen Schmerzen aushalten mussten, beschrieben den Gruppenzusammenhalt als wesentlich stärker als die Teilnehmer der Kontrollgruppe.

Bastian et al. betrachteten in zwei weiteren Experimenten die Auswirkungen von gemeinsamem Schmerzempfinden auf das Verhalten der Teilnehmer. Im ersten Experiment mussten die Teilnehmer in der Schmerzbedingung wieder den Eiswassertest und die Sitzhocke absolvieren, im zweiten Experiment mussten sie (angeblich als Teil eines Geschmackstests) so viel sehr scharfe Chilisauce essen, wie sie konnten. Im Anschluss an die Schmerzaufgaben „spielten" die Teilnehmer in den beiden Experimenten kleine ökonomische Entscheidungsspiele, bei denen sie geringe Geldbeträge bekamen, die sie entweder für sich behalten oder in den Gruppenpool einzahlen konnten. Wenn alle Teilnehmer ihr Geld dem Pool zur Verfügung stellten, wurde die Summe vom Versuchsleiter aufgestockt und erneut unter allen Teilnehmern verteilt. Für jeden einzelnen Teilnehmer gibt es dabei also zwei Motive: Zum einen hat jeder das Motiv, alles Geld abzugeben, weil durch die anschließende Aufstockung jeder mehr bekommt, als wenn er nur sein eigenes Geld behalten würde. Sobald aber ein Teilnehmer nicht mitspielt und sein Geld behält, geht man allerdings leer aus. Daher hat jeder zum anderen gleichzeitig auch das Motiv, sein Geld zu behalten. Wenn man sich entscheidet, sein Geld in den Pool einzuzahlen, signalisiert dies, dass man den anderen Teilnehmern vertraut und mit ihnen kooperiert, damit alle gemeinsam das beste Ergebnis erzielen. Entsprechend der Hypothesen zeigte sich, dass Teilnehmer, die sich aufgrund des stärkeren Zusammenhaltes (wie im ersten Experiment ermittelt) mehr vertrauen, auch mehr miteinander kooperieren. Die Tatsache, gemeinsam Schmerz empfunden zu haben, fördert also die Identifikation und die Kooperation. Jeder kennt das vielleicht auch aus dem echten Leben: Wenn man ein wichtiges Projekt gestemmt hat, weil alle sich extrem angestrengt haben (inklusive halb durchgearbeiteter Nächte und Wochenenden), schweißt dies die Gruppe stark zusammen.

In zwei weiteren Studien wurde die Hypothese überprüft, dass sich die Gruppenmitgliedschaft auf die Bewertung einer potenziell stressigen Situation tatsächlich belastend auswirkt. Dabei geht es im Prinzip, wie in der Studie mit den Bombenentschärfern (s. Kap. 5), um die Validierung der Annahme, dass die eigene Gruppe dabei hilft, besser zu beurteilen, ob eine Situation belastend ist oder nicht. Erinnern Sie sich: Die Bombenentschärfer bewerteten ihre eigene Tätigkeit – ganz anders als die Restaurantbedienungen – als wesentlich weniger belastend als die Tätigkeit des Bedienens. Nun könnte es aber natürlich sein, dass nur ganz besonders unerschrockene und risikofreudige Menschen überhaupt diesen Beruf wählen und die Ergebnisse deshalb nicht übertragbar sind. Daher sollen auch hier wieder zwei experimentelle Studien beschrieben werden. Beide Studien waren recht ähnlich und begannen damit, dass Studierende ins Labor eingeladen wurden. Ihnen wurde gesagt, das Experiment würde aus einer Reihe von Rechenaufgaben bestehen. Anschließend wurden sie, angeblich um sich mit dem Experiment besser vertraut machen zu können, über die Tests informiert, und zwar vermeintlich von einer anderen Versuchsperson, die die Tests schon absolviert hatte; diese war aber in Wirklichkeit eine Konföderierte der Versuchsleiter. Dabei gab es vier unterschiedliche Bedingungen. Jeweils die Hälfte der Versuchspersonen erhielt die Botschaft von einem Mitglied der eigenen Gruppe – einer Studentin des gleichen Studienfachs. Die andere Hälfte bekam die Informationen von einem Mitglied einer anderen Gruppe – einer Patientin, die an einer akuten Belastungsstörung litt. Anschließend wurde von jeder Bedingung wiederum der einen Hälfte mitgeteilt, dass die anschließenden Aufgaben sehr anstrengend und belastend seien, während die andere Hälfte gesagt bekam, die Aufgaben seien interessant und herausfordernd.

Haslam et al. (2004) führten das erste dieser Experimente durch und fragten die Teilnehmer, nachdem sie die Rechenaufgaben bearbeitet hatten, nach ihrer subjektiven Wahrnehmung, wie stressig sie die Tests empfunden hätten; die Ergebnisse sind in Abb. 7.5 dargestellt.

Wie man sieht, hatte die Botschaft der anderen Gruppe (Outgroup) keinerlei Effekt: Die Versuchsteilnehmer schätzten die Aufgaben als gleich stressig ein, unabhängig

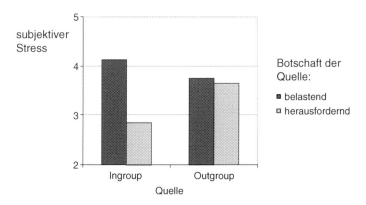

Abb. 7.5 Subjektiver Stress von Rechenaufgaben in Abhängigkeit von der Quelle der Botschaft

davon, ob die Person sie vorher als belastend oder herausfordernd beschrieben hatte. Kam die Botschaft aber von einem Mitglied der eigenen Gruppe (Ingroup), wurden die Aufgaben als wesentlich stressiger empfunden, wenn die andere Person sie als belastend beschrieben hatte. In dieser Bedingung wurden die Aufgaben auch am wenigsten belastend empfunden, wenn die andere Person sie zuvor als Herausforderung dargestellt hatte. Nun könnten Sie einwenden, dass man sich vielleicht subjektiv von dem Mitglied der eigenen Gruppe beeinflussen lässt, aber eben auch nur subjektiv, weil man in dieser Bedingung einfach gegenüber dem Versuchsleiter das wiedergibt, was man vorher von der anderen Person gehört hatte. Deshalb ist es sehr schön, dass eine andere Arbeitsgruppe um Bastian et al. (2014) das Experiment zehn Jahre später wiederholte.

Das Experiment war ziemlich ähnlich, nur wurde bei den Teilnehmern zusätzlich der Blutdruck während der Aufga-

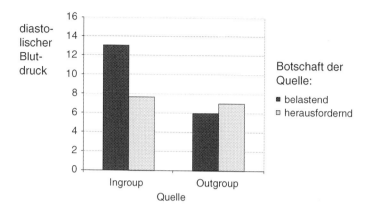

Abb. 7.6 Blutdruckreaktionen auf Rechenaufgaben in Abhängigkeit von der Quelle der Botschaft

benbearbeitung als objektives Maß für Stress gemessen. Abbildung 7.6 zeigt die Ergebnisse (hier für den diastolischen Blutdruck; die Ergebnisse für Pulsfrequenz sahen fast identisch aus, während der systolische Blutdruck sich zwischen den Bedingung nicht unterschied).

Es ändert sich also, wie man aus dem Diagramm ersieht, nicht nur die subjektive Einschätzung der Versuchspersonen, vielmehr reagiert auch der Körper ganz unterschiedlich auf die erhaltenen Botschaften. Kommt die Botschaft von einer Gruppe, der man selbst nicht angehört, lässt man sich davon nicht beeinflussen – weder subjektiv noch objektiv. Die Botschaft aus der eigenen Gruppe hat aber eine ganz massive Wirkung. Die identischen Aufgaben werden einmal als wenig stressig empfunden und unser Herz schlägt auch nicht schneller, wenn sie aus der eigenen Gruppe als herausfordernd beschrieben wurden. Umgekehrt fühlen wir uns nicht nur mehr gestresst, sondern zeigen auch entsprechende körperliche Reaktionen, wenn uns die Aufgaben durch eine Botschaft aus der eigenen Gruppe als belastend geschildert werden. Gruppenmitgliedschaft kann also die Bewertung (das *primary appraisal*, s. Kap. 1) von Situationen stark verändern!

Literatur

Bastian, B., Jetten, J., & Ferris, L. J. (2014). Pain as social glue: Shared pain increases cooperation. *Psychological Science, 25,* 2079–2085.

Frisch, J. U., Häusser, J. A., Van Dick, R., & Mojzisch, A. (2014). Making support work: The interplay between social support and social identity. *Journal of Experimental Social Psychology, 55,* 154–161.

Haslam, S. A., Jetten, J., O'Brien, A. T., & Jacobs, E. (2004). Social identity, social influence, and reactions to potentially stressful tasks: Support for the self-categorization model of stress. *Stress and Health, 20,* 3–9.

Häusser, J. A., Kattenstroth, M., Van Dick, R., & Mojzisch, A. (2012). ‚We' are not stressed. Social identity in groups buffers neuroendocrine stress reactions. *Journal of Experimental Social Psychology, 48,* 973–977.

Jones, J. M., & Jetten, J. (2011). Recovering from strain and enduring pain: Multiple group memberships promote resilience in the face of physical challenges. *Social Psychological and Personality Science, 2,* 239–243.

Kirschbaum, C., Pirke, K.-M., & Hellhammer, D. H. (1993). The ‚Trier Social Stress Test' – A tool for investigating psychobiological stress responses in a laboratory setting. *Neuropsychobiology, 28,* 76–81.

Krohne, H. W., Egloff, B., Kohlmann, C.-W., & Tausch, A. (1996). Untersuchungen mit einer deutschen Version der „Positive and Negative Affect Schedule" (PANAS). *Diagnostica, 42,* 139–156.

Kudielka, B. M., Hellhammer, D. H., & Kirschbaum, C. (2007). Ten years of research with the Trier Social Stress Test (TSST) – revisited. In E. Harmon-Jones & P. Winkielman (Eds.), *Social neuroscience: Integrating biological and psychological explanations of social behavior* (S. 56–83). New York: Guilford Press.

Mitchell, L. A., MacDonald, R. A. R., & Brodie, E. E. (2004). Temperature and the cold-pressor test. *Journal of Pain, 5,* 233–238.

Taylor, S. E., Seeman, T. E., Eisenberger, N. I., Kozanian, T. A., Moore, A. N., & Moons, W. G. (2010). Effects of a supportive or an unsupportive audience on biological and psychological responses to stress. *Journal of Personality and Social Psychology, 98,* 47–56.

Watson, D., & Clark, L. A. (1994). *The PANAS-X: Manual for the positive and negative affect schedule – Expanded Form.* Iowa City: University of Iowa.

Watson, D., Clark, L. A., & Tellegen, A. (1998). Development and validation of brief measures of positive and negative affect: The PANAS Scales. *Journal of Personality and Social Psychology, 54,* 1063–1070.

Wegge, J., Schuh, S. C., & Van Dick, R. (2012). I feel bad – We feel good!? Emotions as a driver for personal and organizational identity and organizational identification as a resource for serving unfriendly customers. *Stress and Health, 28,* 123–136.

8

Lampenfieber: Stress im Team während einer Theaterproduktion

Schauspieler müsste man sein! Haben Sie das auch schon einmal gedacht? Wir stellen uns ein interessantes Leben vor, bei dem man jeden Tag ausschlafen kann, mit interessanten Menschen zusammenkommt und kreativ dabei sein kann, wenn man in andere Rollen schlüpft. Und dann erst der

Applaus des Publikums auf den Brettern, die die Welt bedeuten!

Aber so einfach ist es nicht. Stellen Sie sich vor, Sie sind Mitglied eines Theaterensembles und sollen in der dritten Spielzeit hintereinander eine Nebenrolle ohne viel Text spielen. Oder Ihr Theater studiert mit einem Gastregisseur ein neues Stück ein und Sie mögen weder das Stück noch den Regisseur. Bei Schauspielern ist es also vermutlich so wie bei allen anderen Menschen auch. Der Beruf kann enorm viel Spaß machen und mit der Truppe, mit der man spielt, kann man sich stark oder weniger stark identifizieren. Ich habe einmal nach einer Musicalaufführung mit Schauspielern des English Theatre in Frankfurt sprechen können – das ist eine kleine Gruppe von acht bis zehn ganz jungen, sehr talentierten Menschen aus England und den USA, von denen einige ihr erstes Engagement nach dem Schauspielstudium hatten. Sie wohnten während der dreimonatigen Dauer des Stücks alle zusammen, kochten gemeinsam, verbrachten ihre Freizeit miteinander (die bei vier bis fünf Aufführungen plus Proben pro Woche allerdings nicht ganz so üppig ausfiel) und nach der Aufführung feierte das Ensemble immer noch gemeinsam an der Bar des English Theatre und unterhielt sich mit den Zuschauern. Diese Gruppe schien in ihrem Job aufzugehen, war begeistert von der großartigen Erfahrung, in einem fremden Land an einem anderen Theater mit neuen Leuten arbeiten zu können. Und offensichtlich hatte sich aus den ganz unterschiedlichen Typen eine verschworene kleine Gemeinschaft gebildet, deren Mitglieder sich jeweils stark mit dem Team identifizierten – auch wenn ich dies nicht mit Fragebögen überprüfen konnte.

Alex Haslam et al. (2009) konnten eine Schauspieltruppe aber tatsächlich mit Fragebögen untersuchen, und zwar während der gesamten Produktion einer neuen Aufführung. Die Wissenschaftler konnten die Schauspieler zu fünf verschiedenen Zeitpunkten befragen:

1. direkt nach dem Vorsprechen für ihre jeweilige Rolle,
2. in der Mitte der Proben,
3. direkt nach der Kostümprobe,
4. direkt nach der Erstaufführung und
5. zwei Wochen nach der Erstaufführung.

Zu jedem der Zeitpunkte füllten die insgesamt 40 Schauspieler einen kurzen Fragebogen aus, in dem ihre Identifikation mit dem Team erfasst wurde; außerdem richteten sich die Fragen auf das Risiko für Burnout (z. B. „Ich fühle mich durch die Arbeit in dieser Produktion erschöpft") sowie auf das Maß des Engagements (z. B. „Ich tue alles, was ich kann, um meinen Kollegen bei dieser Produktion zu helfen").

Als Erstes wurden die Schauspieler in zwei Gruppen eingeteilt (indem der Median, also der Mittelwert, berechnet wurde), nämlich in diejenigen, die sich bereits bei der ersten Befragung überdurchschnittlich mit dem Team identifizierten, und in diejenigen, die sich zu Beginn nur unterdurchschnittlich identifizierten. In Abb. 8.1 sind die durchschnittlichen Identifikationswerte für die beiden Gruppen zu allen Messzeitpunkten dargestellt.

Wie man sieht, sind diejenigen, die sich zu Beginn bereits stark identifizieren (die hellen Balken), zu jedem Zeitpunkt deutlich stärker identifiziert als diejenige, die

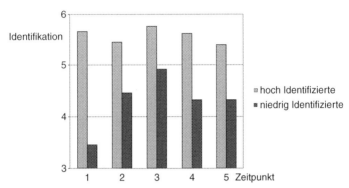

Abb. 8.1 Identifikation der Schauspieler mit dem Produktionsteam

sich zu Beginn weniger stark identifizieren (die dunklen Balken). Auch wenn bei Letzteren die durchschnittliche Identifikation stärker schwankt und sich in der Mitte der Proben der Identifikation der anderen Gruppe annähert, ist die Identifikation doch zu allen Zeitpunkten geringer. Anschließend verglichen Haslam et al. (2009) die Ergebnisse dieser beiden Gruppen für Burnout und Engagement, wie in Abb. 8.2 und 8.3 dargestellt.

Das Niveau der Burnoutwerte steigt, wie in Abb. 8.2 ersichtlich, in den ersten Phasen im Durchschnitt an und sinkt dann beim letzten Messzeitpunkt wieder etwas ab. Die beiden eingekreisten Messzeitpunkte stellen nach Aussagen der Experten besonders kritische Phasen während der Produktion dar, d. h., kurz nach der Kostümprobe und direkt nach der Erstaufführung eines neuen Stückes fordert die Arbeit ihren Tribut und die Schauspieler fühlen sich erschöpft und ausgebrannt. Dies ist aber nur im Durchschnitt so und es gibt deutliche Unterschiede zwischen den

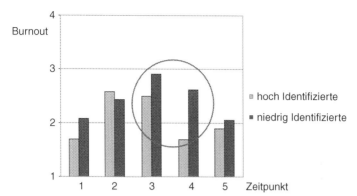

Abb. 8.2 Burnoutwerte der Schauspieler während der verschiedenen Produktionsphasen

höher und den weniger identifizierten Schauspielern. Während es zu den ersten beiden Messzeitpunkten noch keine signifikanten Unterschiede zwischen den Gruppen gibt, sind die Burnoutwerte der gering identifizierten gegenüber den stärker identifizierten Schauspielern signifikant erhöht. Im Sinne unserer Hypothesen hilft also eine starke Identifikation mit dem Team, mit den Belastungen, die eine Produktion mit sich bringt, besser fertig zu werden und das Risiko einer Erschöpfung zu mindern. In Abb. 8.3 sieht man die durchschnittlichen Werte für das Engagement, über das die Schauspieler berichten. Ähnlich wie zuvor bei den Burnoutergebnissen sind auch hier die Werte für die stärker identifizierten Schauspieler zu jedem Messzeitpunkt deutlich höher ausgeprägt als für die weniger Identifizierten. Wenn sich Schauspieler also mit einer Produktion stark identifizieren können, dann bleiben sie auch engagiert bei der Sache – vom Vorsprechen für ihre Rolle bis zu der Zeit nach den ersten Aufführungen.

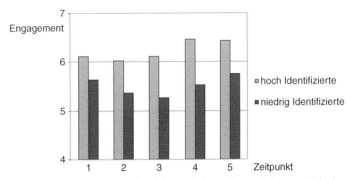

Abb. 8.3 Engagement der Schauspieler während der verschiedenen Produktionsphasen

Im letzten Schritt wollten Haslam et al. (2009) wissen, ob das reduzierte Burnoutniveau bei den stärker identifizierten Schauspielern mit ihrem Engagement zusammenhängt. Dazu berechneten sie wieder die schon bekannten Mediationsanalysen (s. Box 4.1). Dieses Mal wurde das Engagement zum letzten Messzeitpunkt, also zwei Wochen nach der ersten Aufführung, als Kriterium betrachtet und mit der Identifikation zum ersten Zeitpunkt vorhergesagt. Wie erwartet, gab es einen deutlichen Zusammenhang zwischen Identifikation am Anfang und Engagement am Ende der Produktion. Nun wurde Burnout zu den kritischen Phasen (3 und 4) als Mediator in die Analyse einbezogen und zeigte sich als vermittelnder Faktor, d. h., er reduzierte den Effekt von Identifikation auf Engagement. Dies bedeutet, dass im Sinne unserer Hypothese die Identifikation zu Beginn einen Puffer gegen die späteren Belastungen bildet und zu weniger Erschöpfung führt – und Schauspieler, die weniger erschöpft sind, bleiben bis zum Schluss engagiert bei der Sache!

Die Befunde dieser Studie sind aus mehreren Gründen interessant und unterscheiden sich von den querschnittlich (d. h. zu einem Messzeitpunkt) erhobenen Daten der vorangegangenen Studien. Zum einen zeigen die Ergebnisse, dass es durchaus (schon) darauf ankommt, ob sich Mitarbeiter (oder wie hier Schauspieler) bereits beim Start eines Projektes damit identifizieren. Es macht also in der Tat Sinn, bereits von Beginn an diejenigen für ein Projekt auszuwählen, die für die Sache brennen, und auch ganz am Anfang, z. B. durch ein Teambuilding (s. Kap. 13), in die Identifikation der Gruppenmitglieder zu investieren. Diese Identifikation wird sich durch langfristiges Engagement auszahlen.

Die Ergebnisse zeigen aber auch, dass Gesundheit (hier Burnout) und Leistung (hier Engagement) sich nicht gegenseitig ausschließen. Im Gegenteil: Wenn die Mitarbeiter gesünder sind, weil sie sich stärker identifizieren und dadurch vor Beanspruchung etwas besser geschützt sind, bleiben sie auch leistungsfähig! Oder, um es umgekehrt zu beschreiben: Leistungsfähigkeit, die auf einer starken Identifikation mit der Sache beruht, führt nicht zu Erschöpfung, sondern die Identifikation hilft gleichzeitig, auch die Gesundheit zu erhalten.

Literatur

Haslam, S. A., Jetten, J., & Waghorn, C. (2009). Social identification, stress, and citizenship in teams: A five-phase longitudinal study. *Stress and Health, 25,* 21–30.

9
Hinter Schloss und Riegel: Stress und Identität im Gefängnis

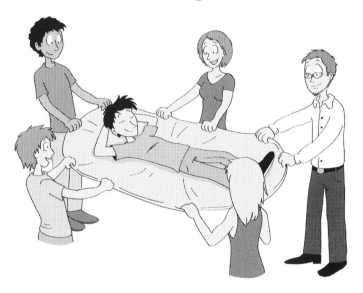

Eines der bekanntesten und vielleicht auch berüchtigtsten Experimente in der Geschichte der Sozialpsychologie wurde 1971 an der Stanford University von Philip Zimbardo und seinen Kollegen durchgeführt (Haney et al. 1973). Spätestens 2001 mit dem Film „Das Experiment" von Oliver Hirschbiegel mit Moritz Bleibtreu in der Hauptrolle erlangte es auch breite öffentliche Aufmerksamkeit in Deutschland. Wie Stanley Milgram, der 1963 eine weitere klassische Studie der Sozialpsychologie durchführte, bei der die Versuchspersonen als Lehrer einer weiteren angeblichen Versuchsperson vermeintliche Elektroschocks zufügten (Milgram 1974), wollte auch Zimbardo zeigen, dass jeder Mensch unter bestimmten Umständen in der Lage ist, Böses zu tun. Ähnlich wie dies im Film dargestellt wird, wurden dazu gesunde Männer rekrutiert. Zunächst wurde mit Testverfahren ausgeschlossen, dass sie irgendwelche psychischen Störungen oder andere Auffälligkeiten hatten. Dann wurden sie per Zufall in zwei Gruppen geteilt, in die Gefangenen und die Wärter. Die Gefangenen bekamen dann sehr schlechte Kleidung (Kittel), während die Wärter Uniformen und Schlagstöcke bekamen. Die Gefangenen schliefen in Mehrbettzimmern auf schlechten Matratzen und bekamen einfaches Essen, während die Wärter es sich recht gut gehen ließen. Schon nach kurzer Zeit begannen die Wärter nicht nur, die Gefangenen zu kontrollieren und für Ordnung zu sorgen, wie es ihre Aufgabe war, sondern fingen an, die Gefangenen zu quälen. So ließen sie die Gefangenen lange stehen oder im Entengang laufen, sie beschimpften sie und es kam teilweise auch zu physischer Gewalt, sodass Zimbardo das Experiment schon nach sechs Tagen abbrechen musste – für zwei Wochen Dauer war es ursprünglich geplant!

9.1 Das BBC-(Gefängnis-)Experiment

Im Jahr 2000 führten Alex Haslam und Stephen Reicher gemeinsam mit der British Broadcasting Corporation (BBC) eine ähnliche Studie durch, bei der sie aber gezielt einige theoretische Annahmen der Theorie der sozialen Identität testen wollten. Im ersten Kapitel haben wir bereits einige ihrer grundlegenden Aussagen vorgestellt, diese Theorie ist aber noch etwas komplexer. Insbesondere macht sie recht genaue Vorhersagen darüber, was Mitglieder von Gruppen tun, die nicht positiv bewertet werden oder die einen niedrigen Status haben (Ellemers 1993). In Box 9.1 sind diese Vorhersagen dargestellt.

Box 9.1 Was tun, wenn wir in der „schlechten" Gruppe sind?

Stellen Sie sich vor, Sie gehören einer Gruppe mit vergleichsweise niedrigem Status an. Sie sind z. B. in vielen beruflichen Kontexten als Frau gegenüber Männern benachteiligt, weil diese mehr verdienen und in der Regel auch die einflussreicheren Positionen haben. Oder Sie fühlen sich als Ostdeutscher gegenüber den Westdeutschen benachteiligt (weil diese im Durchschnitt z. B. ebenfalls mehr verdienen). Insbesondere dieses Thema wurde von Mummendey und Kollegen relativ kurz nach der Wiedervereinigung in Untersuchungen mit Bürgern aus den neuen Bundesländern ganz gut erforscht (Mummendey et al. 1999). Zunächst kommt es darauf an, ob der Betroffene die Gruppengrenzen als durchlässig (permeabel) erlebt. Dies kann objektiv nur schwer möglich sein (Frauen können schlecht zu Männern werden). Aber auch dort, wo ein Wechsel in die andere Gruppe objektiv möglich wäre (ein Dresdener könnte nach Köln ziehen, sich dort Arbeit suchen und seinen Trabbi – wir sprechen von Studien Anfang der 90er-Jahre! – in einen Golf tauschen), kann man die Gruppengrenzen subjektiv als nicht permeabel wahrnehmen, weil man bspw. Angst hat, in Westdeutschland keine Arbeit zu finden, aufgrund des (sächsischen) Dialekts diskriminiert zu werden usw. Jemand, der die Gruppengrenzen aber als permeabel wahrnimmt, kann am ehesten einfach die Gruppe wechseln und erhöht so seinen Selbstwert, weil er dann einer statushöheren Gruppe angehört.

Als Nächstes kommt es darauf an, ob man die Unterschiede als legitim und stabil wahrnimmt. Ein Ostdeutscher kann es z. B. schon als irgendwie gerecht empfinden, dass die Westdeutschen mehr verdienen, und überzeugt sein, dass sich daran auch lange nichts ändern wird. In diesem Fall wird er nicht viel gegen die Ungleichheit tun, sondern seinen niedrigen Status (im Vergleich zu den Westdeutschen) akzeptieren. Um darunter aber nicht permanent zu leiden und um seinen Selbstwert zu stärken, wird er aber, das hat die Forschung auch bestätigt, kreative Lösungen finden. Er kann etwa die Vergleichsgruppe wechseln („im Vergleich zu den Westdeutschen geht es uns schlecht, doch gegenüber den Polen stehen wir blendend da") oder die Vergleichsdimension ändern („ja, die Westdeutschen haben mehr Geld, aber dafür sind wir im Osten sozialer eingestellt und helfen uns gegenseitig"). Schließlich jedoch wird man, wenn man die Gruppengrenzen als nicht durchlässig wahrnimmt, die Unterschiede als illegitim empfindet und meint, dass sich daran auch etwas ändern könnte, aktiv versuchen, etwas zu tun. Man könnte sich, um ein Beispiel zu nennen, in politischen Parteien engagieren, die für die Rechte der ehemaligen Bürger der DDR eintreten. Diese Vorhersagen möglicher Reaktionen haben sich in den Studien von Mummendey und Kollegen auch bestätigt.

Kommen wir nun zurück zur BBC-Studie. Haslam und Reicher (2012a, b) wollten zeigen, dass nicht automatisch alle Menschen entsprechend ihrer sozialen Rolle handeln müssen und die überlegenen Wärter automatisch zu grausamen Autoritäten und alle Gefangenen zu willenlosen Befehlsempfängern werden. Deshalb manipulierten sie gezielt die in Box 9.1 genannten Bedingungen. Auch sie rekrutierten gesunde, psychisch unauffällige Männer und teilten sie nach Zufall in die beiden Gruppen der Wärter und Gefangenen ein. Auch in der BBC-Studie hatten die Wärter viele Privilegien (z. B. gutes Essen, die Möglichkeit, im Schichtbetrieb zu „arbeiten"), während die Gefangenen einfache Kleidung trugen, schlechteres Essen bekamen, in engen Zellen schlafen mussten und nur mit Nummern angesprochen wurden. Im Vergleich zu dem Experiment der Stanford University änderten Haslam und Reicher nun aber gezielt wichtige Faktoren. Ganz zu Beginn wurde den Gefangenen mitgeteilt, dass sie bei guter Führung in die Gruppe der Wärter wechseln könnten. Die Gruppengrenzen waren also zu Beginn durchlässig und jeder Gefangene versuchte, sich möglichst vorbildlich zu verhalten. Es kam in dieser Phase erwartungsgemäß nicht zur Bildung einer gemeinsamen Identität, also einem „Wir-Gefühl" unter den Gefangenen. Am dritten Tag wurde dann tatsächlich ein Gefangener „befördert" und den übrigen gleichzeitig mitgeteilt, dass weitere Wechsel in die Wärtergruppe nun ausgeschlossen seien. Ab jetzt begannen die Gefangenen, sich mit ihrer Gruppe zu identifizieren (es wurden täglich Fragebögen verteilt, mit denen man die Identifikation messen konnte). Am fünften Tag schließlich wurde ein weiterer Gefangener in das „Gefängnis" gebracht. Dabei handelte es sich um einen ehemaligen Gewerkschaftsaktivisten, der gewohnt war, ungerechte Zustände nicht einfach hinzunehmen, sondern dagegen zu protestieren. So verhielt er sich auch im Experiment und stachelte dabei die anderen Gefangenen auf. Die Situation wurde dadurch also illegitim und instabil. Wieder entwickelten die Gefangenen entsprechend der Vorhersagen eine starke Identität und begannen, gegen die Wärter zu revoltieren. Zuletzt bildete sich eine gemeinsame „Kommune" gegen die Versuchsleiter und

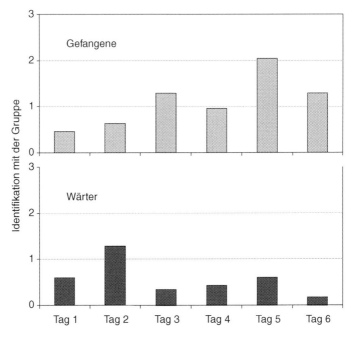

Abb. 9.1   Verlauf der Identifikation der Gefangenen und Wärter im BBC-Experiment

auch dieses Experiment wurde nach neun Tagen vorzeitig abgebrochen. Es hat gezeigt, dass nicht automatisch jeder Mensch Böses tut und entsprechend seiner Rolle handeln muss, sondern dass es auf die Umstände und die sich daraus entwickelnden Identitäten ankommt. Abbildung 9.1 zeigt die Entwicklung der Identifikation in den beiden Gruppen. Wie man sieht, nimmt die Identifikation der Gefangenen im Durchschnitt zu – vor allem an den kritischen Tagen 3 und 5 –, während sie bei den Wärtern nur an den ersten beiden Tagen relativ hoch ist, dann auf ein geringes Niveau sinkt und dort bleibt.

Während der Studie wurden insgesamt mehr als 800 h Videoaufzeichnungen gemacht, es wurden mit Fragebögen mehr als 60 verschiedene psychologische Faktoren gemessen und von den Teilnehmern regelmäßig physiologische Daten gesammelt, u. a. auch Cortisolproben zur Stressbestimmung. Haslam und Reicher (2006; Reicher und Haslam 2006) haben sich nämlich unter anderem für die Wirkung der Situation und der Manipulationen auf die Gesundheit und den Stress interessiert. Abbildung 9.2 zeigt die Verläufe der Depressionswerte von der Messung vor Beginn des Experimentes bis zu Tag 6 (danach wurde keine Messung mehr gemacht).

Wie entsprechend der Veränderung in den Identifikationswerten (s. Abb. 9.1) zu erwarten war, zeigten sich gegenläufige Verläufe der Depression bei Gefangenen und Wärtern. Während die Gefangenen insbesondere zu Beginn und sogar schon vor dem eigentlichen Experiment stärker

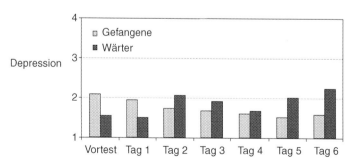

Abb. 9.2 Depressionswerte der Gefangenen und Wärter im BBC-Experiment

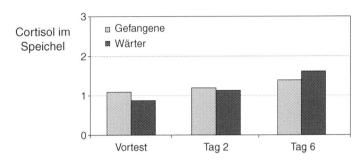

Abb. 9.3 Stresswerte der Gefangenen und Wärter im BBC-Experiment

depressiv waren als die Wärter (d. h., es reicht schon zu wissen, dass man am nächsten Tag als Gefangener an einer Studie teilnehmen muss), drehte sich das Verhältnis nach zwei Tagen. Die Gefangenen wurden zusehends weniger depressiv, während das Depressionsniveau bei den Wärtern anstieg und dann auch bis zum Ende des Experiments höher war als das der Gefangenen. Nun wurden diese Depressionswerte mithilfe von Fragebögen erfasst und spiegeln wieder nur das subjektive Befinden der Teilnehmer wider. Wie aber Abb. 9.3 zeigt, werden die subjektiven Eindrücke auch durch die objektiv anhand von Cortisol gemessenen Stresswerte bestätigt. Am Vortag und zu Beginn der Studie sind die Stresswerte der Gefangenen höher als die der Wärter. Am Ende der Studie ist es umgekehrt und die Wärter zeigen objektiv mehr Stresssymptome. Die Fragebögen enthielten außerdem die drei Skalen zur Messung von Burnout (emotionale Erschöpfung, reduzierte Leistungsfähigkeit, Depersonalisierung – vgl. Box 1.1). Auf diesen Skalen ergaben sich für die Gefangenen zwischen Beginn und Ende der

Studie kaum Unterschiede, während das Burnoutniveau bei den Wärtern deutlich anstieg, vor allem empfanden sie sich als weniger leistungsfähig und äußerten mehr Depersonalisierungsgefühle.

Schließlich sei noch erwähnt, wie das Videomaterial genutzt wurde. Haslam und Reicher schnitten es zusammen und produzierten zwei Videos der Tage 2 und 6, die sie ohne weitere Kommentierung 20 Versuchspersonen zeigten. Diese sollten anhand von Ratingskalen einschätzen, wie depressiv die beiden Gruppen seien und wie viel Stress sie hätten. Dabei bestätigten sich die Muster aus den Selbstberichten der Wärter und der Gefangenen: Auch die Beobachter nahmen wahr, dass es den Gefangenen zusehends besser ging, während die Wärter am Ende der Studie mehr unter Depression und Stress litten als zu Beginn.

Insgesamt ist diese Studie ein weiterer schöner Beleg für die These, dass gemeinsame Identität zu besserem Wohlbefinden beiträgt. Obwohl es sich um eine künstliche Situation handelte und die Teilnehmer das Gefängnis (und damit die Studie) jederzeit hätten verlassen können, haben die manipulierten Faktoren (also Permeabilität, Legitimität und Stabilität) deutliche Auswirkungen auf die Identifikation mit der jeweiligen Gruppe. Die Identifikation wirkt sich dabei auf wichtige Gesundheitsaspekte aus. Dass es den Gefangenen mit gesteigerter Identifikation subjektiv besser geht und den Wärtern mit Absinken der Identifikation schlechter, bestätigt sich nicht nur anhand objektiver Daten (dem Cortisol), sondern wird auch von unbeteiligten Zuschauern so wahrgenommen.

9.2 Im echten Gefängnis

Natürlich wäre es schön, wenn man eine ähnliche Studie in einer echten Strafvollzugsanstalt durchführen könnte. Dass echte Gefangene bei Befragungen oder Stressmessungen ungünstiger abschneiden als Vollzugsbeamte, dürfte bei einer Studie herauskommen und wäre nicht weiter überraschend. Aber Manipulationen wie in der BBC-Studie darf man aus rechtlichen und ethischen Gründen natürlich nicht vornehmen – wie will man rechtfertigen, dass ein Gefangener in die Wärtergruppe wechseln darf?

Gemeinsam mit Mona Wolff und Sonja Rohrmann von der Goethe-Universität Frankfurt hatte ich aber die Möglichkeit, echte Häftlinge im Rahmen eines besonderen Programms zu untersuchen. In einer Vollzugsanstalt im Frankfurter Raum wurde unter Leitung einer Theaterpädagogin einer Fachhochschule und ihren Studierenden gemeinsam mit Häftlingen ein Musicalprojekt erarbeitet. Insgesamt nahmen 27 Häftlinge an dem Projekt teil, in dem sie über insgesamt acht Monate in drei verschiedenen Gruppen arbeiteten. Dabei baute eine Gruppe einen ausgedienten Schubleichter (eine Art Frachtschiff ohne eigenen Antrieb) zu einem Theaterboot mit Bühne, Zuschauerrängen und Lobby um. Zwei weitere Gruppen (eine Musikgruppe und eine Schauspielgruppe) studierten ein an die Oper „Carmen" angelehntes Musical ein, das dann an mehreren Abenden mit viel Erfolg aufgeführt wurde.

Wir hatten die Möglichkeit, diese 27 Häftlinge mit einer Kontrollgruppe von 19 Häftlingen, die nicht an diesem und auch keinem ähnlichen Projekt teilnahmen, zu vergleichen (Wolff et al. 2013). Die Teilnehmer des Projektes unterschieden sich nicht von den Häftlingen in der Kontrollgruppe, was ihr Alter, ihre Schulbildung und die Gründe für die Verurteilung betraf. Die meisten Häftlinge waren wegen Betruges verurteilt, andere Gründe waren Verstöße gegen das Betäubungsmittelgesetz oder wiederholte Körperverletzung. Zu Beginn des Projektes und kurz nach den Aufführungen befragten wir diese insgesamt 51 Personen mit Fragebögen nach ihrer Selbstbeurteilung (engl. *core self-evaluation*), d. h., wir wollten wissen, wie sehr sie sich selbst für ihr Leben verantwortlich sahen, wie sehr sie glaubten, Schwierigkeiten meistern zu können und wie stark ihr Selbstbewusstsein war. Außerdem befragten wir sie nach ihrer Stimmung mit den schon mehrfach erwähnten PANAS-Skalen (Box 7.3) und nach ihrer Überzeugung, nach Verbüßen der Haft wieder ein gutes Leben führen zu können. Am Ende des Projektes hatten die Projektteilnehmer weniger negative Emotionen, bei den positiven Emotionen gab es allerdings keine Unterschiede. Die Ergebnisse für die Selbstbeurteilung zeigt Abb. 9.4.

Wie man sieht, waren die Teilnehmer vor Beginn des Projektes leicht unter den Werten der Kontrollgruppe, d. h., sie waren weniger selbstbewusst und zuversichtlich – vielleicht war das auch ein Grund, warum sie sich freiwillig für das Projekt gemeldet hatten. Am Ende des Projektes allerdings hatte die Projektgruppe die Kontrollgruppe sogar überholt und war zuversichtlicher und weniger ängstlich – ein Erfolg des Projektes! Gemeinsam ein anspruchsvolles Ziel verfolgen und dann sehen, dass man mit harter, zielgerichteter Arbeit Erfolg haben kann, ist gerade für Insassen einer Vollzugsanstalt eine nicht unbedingt alltägliche Erfahrung.

In der Projektgruppe haben wir die Insassen außerdem – sonst würde ich diese Studie auch kaum hier beschrei-

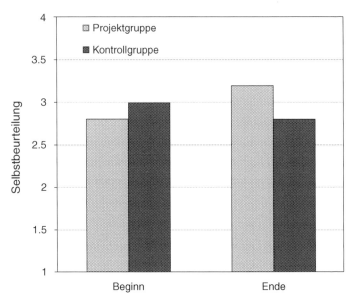

Abb. 9.4 Selbstbeurteilung der Insassen zu Beginn und nach der Studie

ben – ganz ähnlich wie Haslam und Kollegen im BBC-Experiment und in der Theaterstudie (s. Kap. 8) nach ihrer Identifikation mit dem Musicalprojekt gefragt. Zunächst muss man festhalten, dass sich die Teilnehmer fast alle sehr stark mit dem Projekt identifizierten; auf einer 4-stufigen Skala beantworteten sie die Identifikationsitems im Durchschnitt mit 3,4, also mit etwa 85 % des Maximalwertes. Wenn man dies vergleicht mit den Durchschnittswerten von etwa 1–2 auf der 7-stufigen Skala (also weniger als 30 % des Maximalwertes; s. Abb. 9.1) im BBC-Experiment, wird noch einmal deutlich, wie wenig sich sowohl die Gefangenen als auch die Wärter im Experiment identifizierten und wie stark dagegen die Identifikation der wirklichen Gefangenen mit dem Projektteam war. Aber auch im Musicalprojekt gab es Unterschiede zwischen den Teilnehmern. Wenn wir die Korrelation zwischen der Identifikation und anderen Variablen betrachten, spielen diese Unterschiede offensichtlich eine große Rolle: Je stärker sich die Projektteilnehmer mit der Gruppe identifizierten, umso positiver war ihre Stimmung, umso besser war ihre Selbstbeurteilung und umso größer war ihre Überzeugung, nach Verbüßen der Haft wieder ein normales Leben führen zu können.

Literatur

Ellemers, N. (1993). The influence of socio-structural variables on identity enhancement strategies. *European Review of Social Psychology, 4,* 27–57.

Haney, C., Banks, C., & Zimbardo, P. (1973). A study of prisoners and guards in a simulated prison. *Naval Research Review, 9,* 1–17.

Haslam, S. A., & Reicher, S. D. (2006). Stressing the group: Social identity and the unfolding dynamics of responses to stress. *Journal of Applied Psychology, 91,* 1037–1052.

Haslam, S. A., & Reicher, S. D. (2012a). When prisoners take over the prison: A social psychology of resistance. *Personality and Social Psychology Review, 16,* 154–179.

Haslam, S. A., & Reicher, S. D. (2012b). Contesting the „nature" of conformity: What Milgram and Zimbardo's studies really show. *PLoS Biology, 10*(11), e1001426.

Milgram, S. (1974). *Obedience to authority: An experimental view.* New York: Harper and Row.

Mummendey, A., Klink, A., Mielke, R., Wenzel, M., & Blanz, M. (1999). Socio-structural characteristics of intergroup relations and identity management strategies: Results from a field study in East Germany. *European Journal of Social Psychology, 29,* 259–285.

Reicher, S. D., & Haslam, S. A. (2006). Tyranny revisited: Groups, psychological well-being and the health of societies. *The Psychologist, 19,* 46–50.

Wolff, M., Rohrmann, S., & Van Dick, R. (2013). Quantifying the effects of a resocialization project for prisoners – The resocialization project „MS Carmen". *British Journal of Arts and Social Sciences, 14,* 83–92.

10
Mobbing: In der Gruppe liegt die Kraft (aber auch ein Risiko)

In Kap. 4 haben wir eine Studie von Bizumic et al. (2009) vorgestellt, die bei Lehrern wie Schülern positive Zusammenhänge zwischen der Identifikation mit der Schule und verschiedenen Aspekten des Gesundheitszustands (z. B. das Vorhandensein bzw. Fehlen von chronischer Angst oder Depression, die Ausprägung des Selbstwerts) ermitteln konnte. Die Lehrkräfte wurden außerdem gebeten anzugeben, wie aggressiv sich die jeweiligen Schüler ihren Lehrern und Mitschülern gegenüber verhielten und ob die betreffenden Schüler Opfer von Mobbing (s. Box 10.1) seien. Auch hier fanden sich entsprechende Zusammenhänge: Die stärker identifizierten Schüler wurden als weniger aggressiv eingeschätzt und von den Lehrern seltener als Mobbingopfer wahrgenommen.

> **Box 10.1   Was genau ist Mobbing?**
> Mobbing beschreibt feindselige Interaktionen und Konflikte am Arbeitsplatz, die dauerhaft und systematisch gegen eine Person gerichtet sind. Das Konzept wurde in den 1990er-Jahren von Heinz Leymann in Dänemark entwickelt und zu Beginn vor allem in skandinavischen Ländern erforscht. Mobbing wird definiert als „negative kommunikative Handlungen, die gegen eine Person gerichtet sind (von einer oder mehreren anderen) und die sehr oft und über einen längeren Zeitraum hinaus vorkommen und damit die Beziehung zwischen Täter und Opfer kennzeichnen" (Leymann 1993, S. 21). Um Mobbing messen zu können, hat Leymann (1993) 300 Interviews mit Betroffenen durchgeführt und daraus eine Liste von insgesamt 45 Mobbinghandlungen zusammengestellt, die er in fünf Kategorien zusammenfasst:
> 1. Angriffe auf die Möglichkeiten, sich mitzuteilen (z. B. „der Vorgesetzte schränkt die Möglichkeit ein, sich zu äußern" oder „Kontaktverweigerung durch abwertende Blicke oder Gesten"),
> 2. Angriffe auf die sozialen Beziehungen (z. B. „man spricht nicht mehr mit dem/der Betroffenen" oder „man wird von Vorgesetzten oder Kollegen ‚wie Luft' behandelt"),
> 3. Auswirkungen auf das soziale Ansehen (z. B. „man verbreitet Gerüchte" oder „man macht jemanden lächerlich"),

4. Angriffe auf die Qualität der Berufs- und Lebenssituation
   (z. B. „man weist dem Betroffenen keine Arbeitsaufgaben
   zu" oder „man gibt ihm ‚kränkende' Arbeitsaufgaben"),
5. Angriffe auf die Gesundheit (z. B. „Anwendung leichter Gewalt, zum Beispiel, um jemandem einen ‚Denkzettel' zu ver-
   passen").

Aus diesen 45 Handlungen entwickelte Leymann das Leymann
Inventory of Psychological Terrorization (LIPT, Leymann 1990),
das bereits in vielen Untersuchungen zum Thema eingesetzt
wurde. Allerdings ist die Liste nicht erschöpfend: So fanden
Knorz und Zapf (1996) in einer explorativen Studie mit insgesamt 50 Mobbingopfern 39 weitere Handlungen, die im LIPT
nicht enthalten sind. Leymann betont (1993), dass alle diese
Handlungen, wenn sie nur einmal vorkommen, als bloße Unverschämtheiten, teilweise sogar als Scherze gewertet werden
können. Wenn sie aber wiederholt auftreten und sich über
einen längeren Zeitraum erstrecken, kann von Mobbing und
Psychoterror am Arbeitsplatz gesprochen werden. Konkret fordert er, dass einige der Handlungen **„über ein halbes Jahr oder
länger mindestens einmal pro Woche vorkommen müssen"**
(Leymann 1996, S. 168), um den Tatbestand des Mobbings zu
erfüllen. Der Mobbingprozess beginnt meist mit zunächst harmlosen Konflikten. Solche Konflikte gehören zum Alltag jeder Organisation und werden in der Regel schnell beigelegt. Werden
die Konflikte aber nicht oder nicht vollständig ausgetragen,
können die Konflikte unter der Oberfläche fortbestehen und
zum Auslöser der eigentlichen Mobbinghandlungen werden. Es
kann in dieser Phase bereits zu einzelnen Angriffen kommen,
z. B. in Form kleinerer Gemeinheiten oder Unverschämtheiten.
In der zweiten Phase verdichten sich die Angriffe: Der auslösen-
de Konflikt tritt in den Hintergrund, Häufigkeit und Systematik
der Mobbinghandlungen nehmen zu. Hier kommt es zu einer
Polarisation in Form von Täter- und Opferrollen. In Phase 3 wird
die Problematik öffentlich. Weil Arbeitsabläufe gestört werden,
können auch Vorgesetzte und Kollegen sich einer Stellungnah-
me nicht enthalten, schließen sich aber dem/den Mobber(n) an,
da diese oft in der Mehrzahl und/oder in der stärkeren Position
sind. Vorgesetzte und Personalabteilung empfinden das Mob-

bingopfer als untragbar. Eine Rolle spielt, dass die zunehmend schlechtere Befindlichkeit und Leistungsfähigkeit des Opfers, die ja eigentlich nur Folge der in den ersten beiden Phasen beschriebenen Handlungen sind, als Rechtfertigung für die getroffenen Maßnahmen herangezogen werden. Solche Maßnahmen sind häufig Versetzungen oder Aufforderungen, selbst zu kündigen. Der Betroffene wird stigmatisiert. Als Reaktion darauf können psychosomatische Beschwerden entstehen, woraus Fehlzeiten resultieren. In der letzten Phase kommt es schließlich zum Ausschluss aus der Arbeitswelt. Langfristige Krankschreibungen, Kündigungen (auch mit Abfindungen) oder Frühverrentung sind die häufigsten Formen. Leymann (1993) berichtet aber auch von dramatischeren Vorgängen, wie z. B. die Einweisung in psychiatrische Kliniken etc.

Welche Auswirkungen Mobbing haben kann, ist an verschiedenen Stellen beschrieben. So erkranken nach Leymann (1995) Mobbingopfer mit wenigen Ausnahmen an posttraumatischem Stresssyndrom. Leymann (1993) berichtet von einer Berechnung des schwedischen Automobilherstellers Volvo, dem jährlich aufgrund von psychosozialen Problemen wie Mobbing Kosten von über 3 Mio. € entstehen. Zapf et al. (1996) fanden bei Mobbingopfern im Vergleich zu nicht von Mobbing betroffenen Menschen mehr Depressivität und häufigere psychosomatische Störungen.

Eine stärker ausgeprägte Identifikation scheint also auch vor Mobbing zu schützen. Einen weiteren Beleg für diese Annahme liefert die im vorangegangenen Kapitel besprochene BBC-Gefängnisstudie. Haslam und Reicher (2006) haben die Teilnehmer (zusätzlich zu den in Kap. 9 vorgestellten Faktoren) auch nach dem wahrgenommenen Mobbing durch die jeweils andere Gruppe befragt. In Abb. 10.1 sind die Ergebnisse zu Beginn und am Ende des Experiments dargestellt.

Wie man sieht, stiegen die Mobbingwerte für beide Gruppen im Verlauf des Experimentes stark an und waren

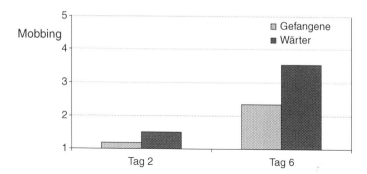

Abb. 10.1 Mobbingwerte der Gefangenen und Wärter im BBC-Experiment

– vor allem am Ende – bei den Wärtern wesentlich höher als bei den Gefangenen. Auch für das Mobbing wurden die von den Teilnehmern selbst gemachten Angaben von den externen Beobachtern, die nur die Videoaufzeichnungen gesehen hatten, bestätigt.

Diese Befunde weisen darauf hin, dass Gruppen und Identitäten eine Rolle für das Entstehen von Mobbing spielen können. Leymann (1996) hat bereits sehr früh davon gesprochen, dass Mobbing häufig in Gruppen vorkommt, in einem „Mob", der sich gegen eines oder mehrere Opfer zusammenschließt und aggressiv wird. Allerdings haben weder Leymann noch andere Forscher das Thema Mobbing aus einer Gruppenperspektive heraus definiert und systematisch untersucht. Die Forschung hat sich eher darauf konzentriert, Ursachen für Mobbing auf organisationaler (z. B. starker Wettbewerbsdruck, inkompatible Ziele) oder individueller Ebene zu suchen, um an diesen Stellen auch in der Prävention und Therapie von Mobbing anzusetzen. Auf individueller Ebene wurden z. B. aufseiten der Op-

ferpersönlichkeit Faktoren wie hoher Neurotizismus (das
sind Menschen, die sich häufig Sorgen machen und ständig ängstlich sind), mangelnde Sozialkompetenzen oder
geringer Selbstwert gefunden. Aufseiten der Täter gibt es
ebenfalls Hinweise auf eine besondere Persönlichkeitsstruk-
tur im Sinne von hohem Narzissmus (selbstverliebte Menschen, denen Lob und Anerkennung wichtig sind) oder
ausgeprägtem, aber instabilem Selbstwert. Diese Analysen
sind grundsätzlich natürlich nicht verkehrt, greifen aber
meiner Meinung nach etwas zu kurz, denn die Gruppe, in
der Mobbing letztlich meist geschieht, wird auch hier vernachlässigt.

Dass Mobbing ein Gruppenphänomen sein kann, zeigt
z. B. die Analyse von Zapf et al. (2011), die über mehrere
Studien hinweg finden, dass 63 % der Mobbingopfer davon
berichten, von mehr als einer Person gemobbt zu werden.
Dabei sind besonders solche Personen mit einem größeren Risiko behaftet, Mobbingopfer zu werden, die von der
Gruppe abweichen, was in einer Studie von Zapf (1999) im
Vergleich von Mobbingopfern zu Nicht-Mobbingopfern
bestätigt wurde. Auch anekdotisch gibt es Berichte von der
einzigen Frau in ansonsten rein männlichen Teams (z. B.
bei der Feuerwehr oder der Polizei), die als besonders mob-
binggefährdet gilt. Einarsen et al. (2011) haben zudem gefunden, dass Mobbingopfer häufig von ebenfalls von Mobbing betroffenen Kollegen berichten.

Diese Befunde führten uns mit Jordi Escartin von der
Universität Barcelona und weiteren Kollegen (Escartin
et al. 2013) zu der Annahme, dass Identifikation mit Gruppen auf zwei Wegen gegen Mobbing schützen kann: zum
einen auf der Ebene des Individuums, zum anderen auf der

Ebene der ganzen Gruppe. Wenn sich das einzelne Gruppenmitglied stark identifiziert, wird es mit Belastungen und Stress besser zurechtkommen; das haben wir in diesem Buch an vielen Stellen zeigen können. Darüber hinaus nahmen Escartin und Kollegen aber an, dass Mobbing auch in Gruppen mit einer durchschnittlich höheren Identifikation seltener auftreten sollte als in Gruppen mit durchschnittlich geringerer Identifikation, weil die durchschnittliche Identifikation zu einem generell für alle Gruppenmitglieder besseren Umgang mit Stress und Arbeitsbelastung beiträgt.

Um diese Annahmen zu prüfen, führten wir (Escartin et al. 2013) eine Studie mit 500 Mitarbeitern einzelner Arbeitsgruppen aus insgesamt 20 verschiedenen Organisationen durch (jeweils eine Arbeitsgruppe pro Organisation). Die Mitarbeiter wurden zunächst danach gefragt, ob sie Opfer verschiedener Mobbinghandlungen geworden seien. Dabei unterschieden wir in arbeitsbezogenes Mobbing, bei dem der Betroffene zu viel oder zu wenig Arbeit bekommt oder die Person ständig kritisiert wird, und in personenbezogenes Mobbing, bei dem über den Betroffenen Witze gemacht werden oder er sozial isoliert wird. Etwa 16 % der Stichprobe wurden als Opfer arbeitsbezogenen Mobbings klassifiziert, 6 % waren Opfer personenbezogenen Mobbings. Die Mitarbeiter wurden außerdem nach ihrer Identifikation mit der Arbeitsgruppe gefragt und auch danach, wie stark sie die Identifikation ihrer Kollegen mit der Arbeitsgruppe wahrnehmen. Dazu wurden die Identifikationsitems von Mael und Ashforth (1992) so umformuliert, dass die Befragten Aussagen zustimmen sollten wie „Die Mitglieder meiner Arbeitsgruppe fühlen sich persönlich angegriffen, wenn unsere Arbeitsgruppe kritisiert wird"

oder „Die Kollegen in meinem Team nehmen die Teamer-
folge als persönliche Erfolge wahr". In den Analysen wurde
zunächst das Ausmaß des individuell berichteten Mobbings
mit der Identifikation der einzelnen Mitarbeiter korreliert.
Sowohl für den Mobbinggesamtwert als auch für die beiden Facetten von Mobbing konnte die Hypothese bestätigt
werden: Je mehr sich die einzelnen Mitarbeiter mit ihrer
Arbeitsgruppe identifizieren, umso weniger berichten sie
von Mobbinghandlungen gegen sich. Dies untermauert die
Ergebnisse von Bizumic et al. aus dem Schulbereich (2009).
Noch etwas spannender waren die Analysen der Grup-
peneffekte; auch hier zeigte sich der erwartete zusätzliche
Effekt der durchschnittlichen Gruppenidentifikation, und
zwar unabhängig davon, ob einfach der Durchschnitt der
Identifikationen der Mitarbeiterangaben selbst genommen
wurde oder der Durchschnitt aus den wahrgenommenen
Identifikationsurteilen über die Kollegen. In Gruppen, deren Mitglieder sich durchschnittlich stärker identifizierten,
gab es somit weniger Mobbing als in schwächer identifizierten Gruppen. Dies galt für den Mobbinggesamtwert
und für arbeitsbezogenes, aber nicht für personenbezogenes
Mobbing – warum es diese Unterschiede gibt, ist unklar
und bedarf sicherlich noch weiterer Forschung. Es ist aber
wichtig, hier festzuhalten, dass es über den individuellen
Effekt von Identifikation hinaus auch einen positiven Einfluss der Identifikation der ganzen Gruppe gibt. Dies bedeutet, dass ein Mitarbeiter in einer Gruppe, die sich im
Mittel stärker identifiziert, seltener Mobbing erlebt als ein
gleichstark identifizierter Mitarbeiter in einer im Durchschnitt nur schwach identifizierten Gruppe. Es lohnt sich
also, Gruppenidentitäten zu stärken!

Literatur

Bizumic, B., Reynolds, K. J., Turner, J. C., Bromhead, D., & Subasic, E. (2009). The role of the group in individual functioning: School identification and the psychological well-being of staff and students. *Applied Psychology: An International Review, 58,* 171–192.

Einarsen, S., Hoel, H., Zapf, D., & Cooper, C. L. (Hrsg.). (2011). The concept of bullying and harassment at work: The European tradition. In S. Einarsen, H. Hoel, D. Zapf, & C. L. Cooper (Hrsg.), *Workplace bullying: Developments in theory, research and practice* (pp. 3–40). London: Taylor & Francis.

Escartin, J., Ullrich, J., Zapf, D., Schlüter, E., & Van Dick, R. (2013). Individual and group level effects of social identification on workplace bullying. *European Journal of Work and Organizational Psychology, 22,* 182–193.

Haslam, S. A., & Reicher, S. D. (2006). Stressing the group: Social identity and the unfolding dynamics of responses to stress. *Journal of Applied Psychology, 91,* 1037–1052.

Knorz, C., & Zapf, D. (1996). Mobbing – eine extreme Form sozialer Stressoren am Arbeitsplatz. *Zeitschrift für Arbeits- und Organisationspsychologie, 40,* 12–21.

Leymann, H. (1990). Mobbing and psychological terror at workplaces. *Violence and Victims, 5,* 119–126.

Leymann, H. (1993). *Mobbing.* Hamburg: Rowohlt.

Leymann, H. (1995). *Der neue Mobbing-Bericht.* Hamburg: Rowohlt.

Leymann, H. (1996). The content and development of mobbing at work. *European Journal of Work and Organizational Psychology, 5,* 165–184.

Mael, F., & Ashforth, B. E. (1992). Alumni and their alma mater: A partial test of the reformulated model of organizational identification. *Journal of Organizational Behavior, 13,* 103–123.

Zapf, D. (1999). Organizational, work group related and personal causes of mobbing/bullying at work. *International Journal of Manpower, 20,* 70–85.

Zapf, D., Knorz, C., & Kulla, M. (1996). On the relationship between mobbing factors, and job content, social work environment, and health outcomes. *European Journal of Work and Organizational Psychology, 5,* 215–237.

Zapf, D., Escartin, J., Einarsen, S., Hoel, H., & Vartia, M. (2011). Empirical findings on prevalence and risk groups of bullying in the workplace. In S. Einarsen, H. Hoel, D. Zapf, & C. L. Cooper (Hrsg.), *Workplace bullying: Developments in theory, research and practice* (pp. 75–105). London: Taylor & Francis.

11

Wie ein Fähnchen im Wind? Wie stabil ist Identifikation eigentlich?

In Kap. 8 haben wir eine Studie mit Schauspielern vorgestellt, in der Haslam et al. (2009) sich die Identifikation mit dem Theater über fünf Phasen der Produktion angesehen haben. Dabei zeigte sich, dass die Identifikation in der Gruppe der zu Beginn bereits hoch Identifizierten über alle fünf Phasen hinweg stabil hoch blieb und jeweils höher war als die Identifikation der zu Beginn nur wenig identifizierten Schauspieler; bei diesen allerdings gab es ein größeres Auf und Ab der Identifikationswerte während der verschiedenen Phasen. Auch in der BBC-Studie in Kap. 9 haben wir gesehen, dass sich die Identifikation sowohl der Wärter als auch der Gefangenen mit unterschiedlichen Situationen verändern kann. Ist Identifikation also etwas Instabiles, auf das man sich gar nicht verlassen kann? Muss ich z. B. als Führungskraft Angst haben, dass die Identifikation meiner Mitarbeiter schwankt wie das berühmte Fähnchen im Wind? Diese Frage wollen wir im Folgenden näher betrachten.

Zunächst muss man zwischen zwei verschiedenen Dingen unterscheiden. Zum einen kann sich die Identifikation mit einer bestimmten Gruppe vielleicht tatsächlich ändern. Darauf werden wir gleich noch genauer eingehen. Zum anderen aber kann sich die Identifikation, die sich auf eine Gruppe richtet, in bestimmten Situationen mehr oder weniger stark auswirken. Dies haben wir in Kap. 2 bereits diskutiert, wollen es hier aber noch einmal betonen: Selbst wenn ich mich z. B. stark mit der Abteilung, die ich leite, identifiziere, ist meine Identifikation mit der Sozialpsychologie nicht zu jeder Zeit relevant für mein Verhalten. Zuhause oder im Urlaub wird dies selten eine Rolle spielen – es sei denn, jemand nimmt ausdrücklich darauf Bezug oder kritisiert sogar meine Abteilung. An der Universität jedoch, wo ich ständig als Vertreter dieser Abteilung angesehen und angesprochen werde, etwa in Begegnungen mit Studierenden oder Kollegen anderer Abteilungen, wird meine Identifikation eher verhaltenswirksam als im privaten Kontext.

Das heißt aber nicht, dass sich die Identifikation an sich ändert. Wenn ich im Büro oder Zuhause einen Identifikationsfragebogen ausfüllen würde, würden sich meine Antworten wohl nicht wesentlich unterscheiden.

Aber kann die Identifikation z. B. mit der Arbeitsgruppe schwanken? Theoretisch haben Becker et al. (2013) dazu ein Modell für das verwandte Konzept des Commitments in Teams entwickelt, das sich auch auf Identifikation übertragen lässt und das in Abb. 11.1 dargestellt ist. Das Modell nimmt an, dass man für Personen mit geringer Schwankung anhand des Identifikationslevels bessere Vorhersagen für ihr

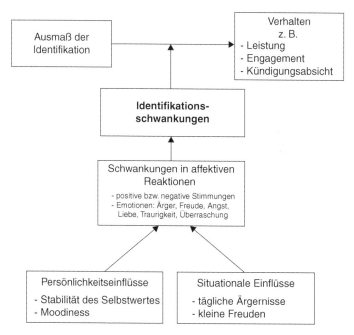

Abb. 11.1 Modell der Identifikationsstabilität

Verhalten machen kann. Wenn jemand bspw. nur gering mit der Firma identifiziert ist und diese geringe Identifikation stabil ausgeprägt ist, wird er sich nur wenig für seine Firma engagieren und sie bei guter Gelegenheit verlassen. Jemand, der stabil hoch identifiziert ist, wird sich dagegen auch häufig engagieren. Schwankt aber die Identifikation stark, wird man das Verhalten nicht ohne Weiteres anhand des Durchschnittswertes vorhersagen können. An Tagen, an denen die Identifikation hoch ist, wird sich der Mitarbeiter engagieren; ist seine Identifikation am nächsten Tag niedrig, wird er sein Engagement dementsprechend reduzieren.

Woher kommen aber solche Schwankungen? Wie Abb. 11.1 zeigt, beeinflussen sowohl die Person als auch die Umwelt, ob es mehr oder weniger Variation gibt. Menschen unterscheiden sich z. B. auch in dem Ausmaß ihrer allgemeinen Stimmungsschwankungen (engl. *moodiness*); diese könnten sich auf die Gefühle der Verbundenheit und die Beziehungen mit anderen Menschen auswirken und so – je nach aktueller Stimmung – zu geringerer oder höherer Identifikation führen. Eine andere Persönlichkeitsvariable ist die Stabilität des Selbstwertes. Selbstwert ist eine zentrale Facette der Persönlichkeit, die sich auf viele andere Aspekte unseres Fühlens und Verhaltens auswirkt (Baumeister 1997). So sind Menschen mit hohem Selbstwert in der Regel davon überzeugt, dass sie im Leben erfolgreich sein werden; sie machen sich für diesen Erfolg auch selbst verantwortlich. Menschen mit geringem Selbstwert glauben eher, dass sie wenig Erfolg im Leben haben werden, und wenn sie doch einmal etwas Positives erleben, machen sie das Glück oder Schicksal dafür verantwortlich. Studien zeigen jedoch auch, dass Menschen sich nicht nur im Grad ihres Selbstwertes unterscheiden, sondern auch darin, wie stabil sie auf einem bestimmten Niveau bleiben (Kernis 2005). So leiden Menschen, die zwar ein generell eher hohes, aber stärker schwankendes Selbstwertniveau haben, eher unter Selbstzweifeln, fühlen sich selbst für negative Dinge verantwortlich und werden durch alltägliche Dinge stärker negativ beeinflusst (z. B. Zeigler-Hill und Showers 2007). Auf der anderen Seite nimmt das Modell allerdings auch an, dass die Situation Schwankungen erzeugen kann. Dies können tägliche Erlebnisse sein wie kleine Freuden, die man durch das Lob von einem Kunden oder die Hilfe eines Kollegen bekommt, oder auch die alltäglichen Ärgernisse, wenn ein Projekt nicht gelingt oder der Chef schimpft.

Das Modell von Becker und Kollegen stellt eine Reihe theoretisch gut begründeter Hypothesen auf. Ob es aber tatsächlich Schwankungen gibt und ob man diese auch messen kann, hängt zunächst von den verwendeten Fragebögen ab, die wir in Kap. 2 vorgestellt haben. Würde man die Skala von Mael und Ashforth (1992) verwenden mit Aussagen wie „Die Erfolge meines Unternehmens sehe ich als persönliche Erfolge an", sind größere Veränderungen über kürzere Zeiträume eher unwahrscheinlich, weil es sich ja doch eher um generelle Aussagen handelt. Gemeinsam mit Johannes Ullrich und Tom Becker haben wir daher in einem Projekt die Items von Doosje et al. (1995) verwendet und diese so umformuliert, dass sie sich auf den aktuellen Moment beziehen:

* Ich sehe mich heute als Mitarbeiter meines Unternehmens.
* Ich bin heute zufrieden, Mitarbeiter meines Unternehmens zu sein.
* Ich fühle heute eine starke Bindung zu anderen Mitarbeitern meines Unternehmens.
* Ich identifiziere mich heute mit anderen Mitarbeitern meines Unternehmens.

Diese vier Fragen haben wir 72 Mitarbeitern eines deutschen Konsumgüterherstellers sechs Wochen lang dreimal pro Woche (immer montags, mittwochs und freitags) vorgelegt (ja, ja, das hört sich nach viel Aufwand an, deshalb verlosten wir auch unter allen Teilnehmern ein nagelneues iPad). Außerdem sollten sie an diesen Tagen angeben, ob sie ein positives oder negatives Erlebnis bei der Arbeit hatten, und wir fragten sie zu Beginn der Studie nach ihrer *moodiness*, d. h. danach, ob ihre Stimmung eher stärkeren Schwankungen unterliegt. Wir konnten zeigen, dass die Identifikation bei einigen Teilnehmern über die sechs Wochen hinweg relativ konstant blieb, bei anderen Teilnehmern aber durchaus deutlich schwankte. Dafür waren gleichermaßen interne wie externe Faktoren verantwortlich. Teilnehmer mit ausgeprägteren Stimmungsunterschieden schwankten auch in ihrer täglichen Identifikation stärker und Teilnehmer, die über besondere Erlebnisse bei der Arbeit berichteten, zeigten in ihren Werten ebenfalls größere Abweichungen: Ihre Identifikation stieg bei positiven Ereignissen an und sank bei negativen Ereignissen ab.

In Abb. 11.2 habe ich einmal die Verläufe von zwei Mitarbeiterinnen (aus den Originaldaten, daher auf Englisch)

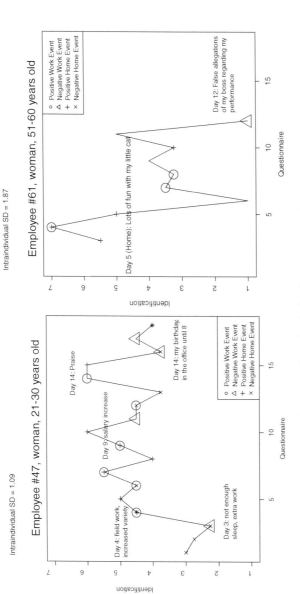

Abb. 11.2 Identifikationsschwankung zweier Mitarbeiterinnen

dargestellt. Auf der linken Seite sieht man eine jüngere Angestellte, die zu Beginn der Befragung an den ersten beiden Tagen unserer Studie mit relativ geringer Identifikation
unsere Studie beginnt. Am dritten Tag ist der Tiefpunkt
erreicht; hier berichtet sie von einem besonders negativen
Ereignis (nicht genug Schlaf, zusätzliche Arbeit). Anschließend steigen ihre Identifikationswerte an und bleiben dann
mit nur noch geringen Schwankungen im oberen Bereich
der Skala. Der Höchstwert wird an Tag 14 erreicht; hier
gibt sie an, dass sie auf der Arbeit gelobt wurde.

Bei der Mitarbeiterin auf der rechten Seite von Abb. 11.2
sieht man sehr viel größere Ausschläge. Am vierten Tag ist
ihre Identifikation so hoch, dass der Maximalwert der Skala
erreicht wird und die Angestellte sagt, dass sie an diesem
Tag etwas Positives bei der Arbeit erlebt hat (ohne aber
anzugeben, was das gewesen ist). Zwei Tage später ist ihre
Identifikation dann aber auf dem absoluten Tiefpunkt der
Skala, steigt darauf für einige Tage wieder an, um am zwölf-
ten Tag wieder im Keller zu landen. An diesem Tag berichtet die Mitarbeiterin, sie sei von ihrem Chef zu Unrecht
wegen schlechter Leistung kritisiert worden – und prompt
beendet sie die Teilnahme an unserer Studie, sodass keine
weiteren Daten mehr vorliegen. Ich möchte betonen, dass
diese beiden Mitarbeiterinnen vor allem der Illustration
dienen. Selbstverständlich gab es auch Angestellte, die sich
– sowohl auf niedrigem, mittlerem oder hohem Niveau –
über die ganze Dauer der Studie recht konstant identifizierten und bei denen es wesentlich weniger zu Schwankungen
kam.

Gemeinsam mit der Hildesheimer Psychologin Charlene
Ketturat und ihren Kollegen konnten wir in einer weite-

ren Studie den Verlauf der Identifikation in einer „Ernst-fallsituation" betrachten (Ketturat et al. in prep.). Hierin untersuchten wir einen ganzen Tag lang Bewerberinnen und Bewerber für das Studium der Sportwissenschaften. Um zugelassen zu werden, müssen die Bewerber eine Reihe von Tests in unterschiedlichen Sportarten absolvieren. Der Test dauert von 10 Uhr am Morgen bis in den frühen Abend hinein. Zu Beginn werden die Bewerber in Gruppen von ca. 10 Mitgliedern eingeteilt, mit denen sie sich dann über den Tag verteilt den Tests unterziehen. Jede Gruppe durchläuft Stationen mit den Disziplinen Schwimmen, Turnen, Basketball, Badminton, Leichtathletik und 3-km-Lauf. Gleich am Morgen nach der Gruppeneinteilung und jeweils vor vier der sechs Disziplinen wurden die Teilnehmer nach ihrer Identifikation mit der Gruppe und nach ihrem subjektiven Stress gefragt. Nachdem die Teilnehmer die vierte Disziplin absolviert hatten, fragten wir sie nach wahrgenommener Unterstützung in der Gruppe. Zudem erhoben wir kurz nach den Disziplinen 1, 2, 4 und 6 ihren objektiven Stress durch Entnahme von Speichel, in dem der Cortisollevel analysiert wurde.

Die Daten wurden anschließend mit recht komplexen Multilevel-Analysen ausgewertet, die sich zwei verschiedene Effekte ansehen: Zum einen betrachten diese Analysen die Unterschiede zwischen Personen – z. B. zwischen denen, die sich durchschnittlich stärker bzw. schwächer identifizieren –, so, wie es auch Haslam und Kollegen in der Theaterstudie getan haben. Zum anderen richten wir darin zusätzlich das Augenmerk auf die Veränderung innerhalb der Personen, d. h., wir können testen, ob Personen, die sich bei bestimmten Tests stärker identifizierten, über weniger

Stress berichten. Genau dies war der Fall: Bei Kontrolle des Tagesdurchschnitts an Identifikation findet man einen signifikanten Zusammenhang zwischen Identifikation und subjektivem Stress. Auch für die Cortisolmessungen ergab sich der gleiche Zusammenhang: Bei Tests, in denen sich die Teilnehmer durchschnittlich stärker mit der Gruppe identifizierten, zeigten sie geringere Anstiege in den Cortisolwerten. Wie erwartet fanden wir außerdem einen Zusammenhang zwischen stärkerer Identifikation und mehr sozialer Unterstützung in den Gruppen.

Literatur

Baumeister, R. F. (1997). Identity, self-concept, and self-esteem: The self lost and found. In R. Hogan, J. Johnson, & S. Briggs (Hrsg.), *Handbook of personality psychology* (pp. 681–703). NY: Academic Press.

Becker, T. E., Ullrich, J., & Van Dick, R. (2013). Within-person variation in affective commitment to teams: Where it comes from and why it matters. *Human Resource Management Review, 23,* 131–147.

Doosje, B., Ellemers, N., & Spears, R. (1995). Perceived intragroup variability as a function of group status and identification. *Journal of Experimental Social Psychology, 31,* 410–436.

Haslam, S. A., Jetten, J., & Waghorn, C. (2009). Social identification, stress, and citizenship in teams: A five-phase longitudinal study. *Stress and Health, 25,* 21–30.

Kernis, M. H. (2005). Measuring self-esteem in context: The importance of stability of self-esteem in psychological functioning. *Journal of Personality, 73,* 1569–1605.

Ketturat, C., Frisch, J. U., Häusser, J. A., Van Dick, R., & Mojzisch, A. (in prep.). Multilevel approach towards social identification and stress. Unpublished manuscript.

Mael, F., & Ashforth, B. E. (1992). Alumni and their alma mater: A partial test of the reformulated model of organizational identification. *Journal of Organizational Behavior, 13,* 103–123.

Zeigler-Hill, V., & Showers, C. J. (2007). Self-structure and self-esteem stability: The hidden vulnerability of compartmentalization. *Personality and Social Psychology Bulletin, 33,* 143–159.

12
Im Praxistest: Die Rolle von Identifikation bei Älteren, Kranken oder Unfallopfern

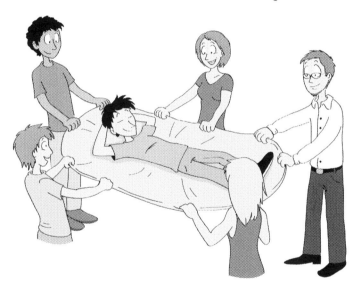

Bislang haben wir viele Studien vorgestellt, die unsere Hypothesen unterstützen und die entweder im Labor, meist mit studentischen Probanden, relativ kurzfristige positive Effekte von Identifikation aufzeigen oder die im Feld positive Zusammenhänge zwischen Identifikation und ganz verschiedenen Indikatoren von Gesundheit und Wohlbefinden erkennen ließen. In diesen Feldstudien wurden aber immer gesunde Teilnehmer untersucht. Daher wollen wir nun auf einige Studien eingehen, die die Rolle von Identifikation in Kontexten untersuchten, in denen es um die Verarbeitung von Krankheiten oder Unfällen oder die Integration älterer Menschen ging.

In Kap. 5 hatten wir Ihnen die Studie mit den Bombenentschärfern und Restaurantbedienungen von Haslam et al. (2005) vorgestellt. In der Gesamtgruppe bestätigte sich die Mediationshypothese, nämlich dass stärkere Identifikation mit der jeweiligen Berufsgruppe zu mehr sozialer Unterstützung und diese wiederum zu weniger Stress führt. Haslam und Kollegen konnten diese Mediationskette auch noch in einer weiteren Studie bestätigen. Dazu befragten sie 34 Patienten wenige Tage nach einer Herzoperation – noch im Krankenhaus, aber nach Überstehen der kritischen (Intensiv-)phase. Herzoperationen sind mit relativ starken Risiken behaftet, sodass man davon ausgehen kann, dass Herzpatienten besonderem Stress ausgesetzt sind. Die Patienten wurden nach ihrer Identifikation mit dem Freundeskreis und der Familie sowie der Unterstützung aus diesen Gruppen während des Klinikaufenthaltes gefragt. Außerdem fragten Haslam und Kollegen nach ihrem subjektiven Wohlbefinden bzw. Stresslevel. Auch hier ergibt sich, dass die Patienten, die sich stärker identifizieren, von mehr sozialer Unterstützung berichten; diese wiederum senkt den Stress nach der Herz-OP. Stärker identifizierte Patienten fühlten sich weniger gestresst, sie beurteilten ihr Leben im Allgemeinen besser, waren selbstbewusster und zufriedener mit dem Krankenhaus.

Jones et al. (2012) untersuchten zwei Gruppen von Patienten, die sich entweder am Arm bzw. an der Schulter verletzt oder durch einen Unfall eine Hirnverletzung erlitten hatten. Insgesamt wurden 93 Personen zwei Wochen nach der Verletzung und drei Monate später nach ihrem allgemeinen Gesundheitszustand, nach ihrer sozialen Eingebundenheit und nach Symptomen einer posttraumatischen Belastungsstörung (PTSD) befragt. Bei der sozialen Eingebundenheit wurde nach einer Reihe von Dingen gefragt; besonders interessant ist hier das Maß an neu gebildeten Gruppenmitgliedschaften. Hierauf zielten Aussagen wie „Seit dem Unfall habe ich Hilfe von Personen aus einer oder mehreren neuen Gruppen bekommen" oder „Seit dem Unfall bin ich in einer oder mehreren neuen Gruppen aktiv geworden". Posttraumatische Belastungsstörungen wurden mithilfe von 10 Fragen zu körperlichen oder psychischen Problemen durch den Unfall erfasst. Die Auswertung zeigte einen klaren Zusammenhang zwischen neuen Gruppenmitgliedschaften zu Beginn der Untersuchung und geringeren PTSD-Werten nach drei Monaten. Das bedeutet, dass Menschen nach schlimmen Ereignissen davon profitieren, wenn sie sich sozial nicht zurückziehen, sondern im Gegenteil neue Gruppenmitgliedschaften aufbauen. Dies können z. B. Selbsthilfegruppen sein oder es ergeben sich wieder engere Bindungen an Gruppen wie Nachbarschaft oder Bekanntenkreise, die man vielleicht vor dem Ereignis aus den Augen verloren hatte.

An zwei weiteren Beispielen aus eigenen Studien möchte ich die Wichtigkeit dieser beiden Gruppen – Selbsthilfegruppen und Familien- und Bekanntenkreis – verdeutlichen. Die erste Studie führte ich mit meinen Kolleginnen und Kollegen Katharina Schmidt, Lutz Vogt und Winfried Banzer (Schmidt et al. 2015) von der Abteilung Sportmedizin an der Universität Frankfurt durch. Insgesamt 41 Krebspatienten (davon 34 Frauen) wurden von der Abteilung für Sportmedizin eingeladen, sich betreuten Sportgruppen anzuschließen, die sich dann z. B. einmal in der Woche zum gemeinsamen Joggen trafen. Nach einigen Monaten befragten wir die Teilnehmer dieser Gruppen nach ihrer Identifikation und ihrem Gesundheitszustand. Dabei konnten wir sehr enge Zusammenhänge ermitteln zwischen dem Ausmaß an Identifikation und Aussagen darüber, wie stark man sich von der Gruppe unterstützt fühlt und wie sehr man in der Gruppe das Gefühl hat, gemeinsam Probleme zu bewältigen; unmittelbar damit verbunden sind auch, wie sich zeigte, die selbsteingeschätzte Lebensqualität und physische Leistungsfähigkeit. Das bedeutet, dass es gut ist, sich solchen Sportgruppen anzuschließen, denn sonst hätte man gar nicht erst die Möglichkeit, entsprechende Unterstützung von diesen neuen „Leidensgenossen" zu erhalten; dabei kommt es aber auch innerhalb dieser Gruppen wiederum darauf an, wie stark man sich mit ihnen identifizieren kann.

In der zweiten Studie gemeinsam mit Wissenschaftlern der medizinischen Hochschule Hannover (Goldschmidt et al. 2015) haben wir 93 Personen befragt, die zuvor als potenzielle Leberspender für leberkranke Kinder (meistens, aber nicht in allen Fällen die Kinder der potenziellen Spender) evaluiert wurden (Evaluation heißt in diesem Kontext, dass untersucht wurde, ob die Personen aufgrund der medizinischen Parameter für die Spende infrage kommen). Wie man sich vorstellen kann, ist dies für alle Beteiligten eine belastende Situation. Die Operation, bei der den erwachsenen Spendern ein Teil der Leber entfernt wird, ist kompliziert und wie jeder Eingriff nicht ohne Risiken. Gleichzeitig möchte man natürlich alles tun, um dem kranken Kind durch die Spende die Chance auf ein neues Leben zu ermöglichen. In unseren Analysen der Fragebogendaten fanden wir, dass die Spender ihre Lebensqualität umso positiver einschätzten, je mehr sie von Zusammenhalt und Unterstützung in der Familie berichteten.

In weiteren Auswertungen haben wir uns außerdem angesehen, ob die Identifikation mit der Familie auch mit den medizinischen Werten der Kinder zusammenhängt. Dabei fanden wir, dass bei Kindern, deren Leber- und Nierenfunktionswerte besser waren, auch die Identifikation der Familien stärker war. Diese Befunde lassen sich kausal nicht eindeutig interpretieren: Es wäre einerseits plausibel, dass sich die Identifikation und daraus ergebende Unterstützung positiv auf die Gesundheit der Kinder auswirkt. Es ist aber auch denkbar, dass Familien, deren Kinder etwas weniger krank sind, auch weniger unter diesen – teilweise lang andauernden und sehr stark lebenseinschränkenden – Krankheiten leiden und sich deshalb etwas stärker identifizieren können. Um die Kausalität zu klären, benötigt man Experimente wie diejenigen, die wir in Kap. 7 dargestellt haben. Selbstverständlich verbieten sich Experimente mit kranken Kindern; vielmehr muss man im Labor mit Stichproben mit Gesunden und natürlich mit harmlosen Stressaufgaben arbeiten. Im Folgenden werden wir aber noch einige weitere Studien mit „echten Menschen" beschreiben, die teilweise mit experimentell variierten Veränderungen gezeigt haben, wie wichtig Identifikation und Gruppenmitgliedschaften sein können.

In einer weiteren Studie mit 630 Patienten nach Hirnverletzungen untersuchten Jones et al. (2011) den Zusammenhang zwischen der Schwere der Verletzung und der Lebensqualität der Betroffenen. Die Schwere der Verletzung wurde über die durchschnittliche Dauer, die die Patienten direkt nach der Verletzung im Koma verbrachten, gemessen. 20 % der Patienten waren gar nicht im Koma gelegen, 28 % länger als zwei Wochen, die übrigen Patienten zwischen einem und 14 Tagen. Die Lebensqualität wurde über eine Aussage der Patienten zu ihrer allgemeinen Lebenszufriedenheit erfasst. Diese lag mit einem Durchschnitt von etwas über vier auf einer siebenstufigen Skala (von 1 = sehr unzufrieden bis 7 = sehr zufrieden) im eher zufriedenen Bereich. Jones und ihre Kollegen fanden einen positiven Zusammenhang zwischen der Schwere der Verletzung und der Zufriedenheit, d. h., die Patienten waren mit ihrem Leben umso zufriedener, je länger sie im Koma gewesen waren. Diesen zunächst doch sehr überraschenden Befund konnten die Wissenschaftler aber aufklären. Die Patienten waren nämlich zusätzlich nach ihrer Identität und ihrem sozialen Netzwerk gefragt worden. Die Identifikation wurde, anders als in den meisten sonstigen Studien, nicht direkt in Bezug auf eine Gruppe gemessen, sondern unter dem Aspekt, wie die Patienten sich selbst in Hinblick auf ihre Verletzung sahen; ermittelt wurde dies mithilfe der beiden Aussagen „Meine Hirnverletzung hat mich stärker gemacht" und „Ich sehe mich selbst als jemand, der eine Hirnverletzung überlebt hat". Außerdem wurden die Patienten gebeten, aus einer Reihe von Beziehungen (zu Ehepartnern, Familie, Freunden, Arbeitgeber, Arbeitskollegen) alle diejenigen auszuwählen, die sich nach der Verletzung verbessert hatten. Zuletzt sollten sie noch für verschiedene mögliche Unterstützungsquellen (z. B. Gesundheitsdienst, Sozialdienst, Polizei) angeben, von welchen sie nach der Verletzung tatsächlich Unterstützung erfahren hatten.

Es fanden sich sowohl positive Zusammenhänge zwischen der Schwere der Verletzung und allen Maßen der Identität und des Netzwerks als auch positive Zusammenhänge zwischen Identität und Netzwerken mit der Lebenszufriedenheit. Anschließende Mediationsanalysen bestätigten die Vermutungen der Wissenschaftler: Je gravierender die Verletzung war, umso mehr identifizierten sich die Patienten als Überlebende ihres Traumas und umso mehr Unterstützung bekamen sie; diese Tatsache war verantwortlich dafür, dass sie auch zufriedener mit ihrem Leben waren. Natürlich kann man niemanden eine besonders schwere Verletzung wünschen – aber die Ergebnisse dieser Studie zeigen, wie wichtig es ist, dass Patienten sich selbst auch als Patienten sehen, denn dies scheint ihnen zu helfen, mit den Folgen des Unfalls besser umzugehen. Außerdem ist diese Identifikation mit sich selbst als jemand, der eine schwerwiegende Verletzung überlebt hat, wichtig für die Verbesserung der sozialen Beziehungen und für die Aktivierung von sozialer Unterstützung – und wenn man diese erhält, ist man zufriedener, selbst bei einer erheblichen Verletzung.

In einer Studie von Catherine Haslam und Kollegen (2008) ging es ebenfalls um den Zusammenhang zwischen Identität und der Gesundung nach Schlaganfällen. Sie untersuchten 53 Patienten, die im Durchschnitt acht Monate vor der Untersuchung einen Schlaganfall erlitten hatten.

Zuerst sollten die Patienten alle Gruppen nennen, denen sie vor dem Schlaganfall angehört hatten, sowie alle Gruppen, denen sie zum Zeitpunkt der Untersuchung angehörten. Danach wurden sie gefragt, wie gut sie die Beziehungen zu den Gruppen vor dem Schlaganfall aufrechthalten konnten. Weitere Fragen betrafen die Lebenszufriedenheit und den Stress der Patienten. Schließlich wurde ihre Leistungsfähigkeit gemessen, und zwar über selbsteingeschätzte Fehler auf einer Liste von 25 Dingen, die man im Alltag falsch machen kann (z. B. „Ich übersehe Hinweisschilder auf der Straße" oder „Ich finde Artikel im Supermarkt nicht, obwohl es sie dort gibt"). Je mehr Fehler im Alltag gemacht wurden, umso mehr berichteten die Patienten von Stress und umso weniger zufrieden waren sie mit ihrem Leben. Stress und Lebenszufriedenheit wiederum wurden von den Identitätsfaktoren vorhergesagt: Die Patienten, die vor dem Schlaganfall Mitglied in vielen Gruppen waren und die diese Gruppenmitgliedschaften aufrechterhalten konnten, waren zufriedener und fühlten sich weniger gestresst als diejenigen, die vor dem Schlaganfall entweder nur einer kleineren Zahl von Gruppen angehörten oder die nach dem Anfall nicht mehr Teil dieser Gruppen waren.

Catherine und Alex Haslam und ihre Kollegen haben sich außerdem in einer Reihe von Studien angesehen, welche Rolle die Identifikation bei Bewohnern von Heimen für ältere Menschen spielt (2014a). Haslam et al. (2014b) haben 36 Bewohner mit einem Durchschnittsalter von 86 Jahren aus unterschiedlichen Altenheimen in drei Gruppen eingeteilt. Eine Gruppe diente als Kontrollgruppe, bei der nichts verändert wurde. Bei einer zweiten Gruppe wurden die gemeinschaftlich genutzten Aufenthaltsbereiche renoviert und die Heimbewohner selbst konnten entscheiden,

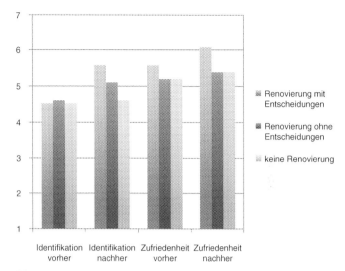

Abb. 12.1 Veränderungen bei Identifikation und Zufriedenheit bei Heimbewohnern

wie und was renoviert wurde. Dazu trafen sie sich mehrfach in Gruppen und diskutierten Farben, Möblierung usw. In der dritten Gruppe wurden die Aufenthaltsräume ebenfalls renoviert – aber hier trafen die Mitarbeiter und nicht die Bewohner alle Entscheidungen. Sowohl vor als auch nach der Renovierung wurden in allen drei Gruppen verschiedene Tests der kognitiven Leistungsfähigkeit (Wortschatzaufgaben, Rechenaufgaben usw.) durchgeführt und die Bewohner außerdem nach ihrer Identifikation mit dem Heim und den anderen Bewohnern und nach ihrer Zufriedenheit gefragt. Abb. 12.1 zeigt die Ergebnisse für die Identifikation und die Zufriedenheit mit dem Heim.

Wie zu sehen, gab es zu Beginn der Studie weder für die Identifikation noch für die Zufriedenheit substanzielle Unterschiede. Bei den zweiten Messungen veränderten

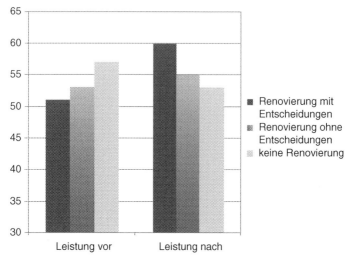

Abb. 12.2 Veränderungen in der Leistungsfähigkeit der Heimbewohner

sich die Werte in der Kontrollgruppe ohne Renovierungen ebenfalls kaum. Deutliche Veränderungen gab es nach der Renovierung in den beiden anderen Gruppen – es stiegen sowohl die Identifikation als auch die Zufriedenheit an. Wie die Abb. 12.1 belegt, gilt dies aber ganz besonders für die Altenheimbewohner, die selbst über die Renovierung entscheiden durften. Die Tatsache, dass sie sich mehrmals in Gruppen getroffen hatten und gemeinsam ein Projekt verfolgten, hatte offensichtlich einen klaren, positiven Effekt.

Abbildung 12.2 zeigt darüber hinaus, dass dieser Effekt sich auch auf die Leistungsfähigkeit auswirkte: In der Kontrollbedingung sank die Leistung der Heimbewohner in den Rechen- und Sprachtests ab – in dieser Altersgruppe ist eine Verschlechterung der kognitiven Fähigkeiten in einem

Zeitraum von einigen Monaten durchaus nicht ungewöhnlich. In der Renovierungsbedingung ohne eigene Entscheidungsmöglichkeit veränderte sich die Leistung nicht und in der Bedingung, in der die Bewohner selbst die Entscheidungen treffen konnten, stieg die Leistungsfähigkeit deutlich an. Auch in dieser Studie zeigten anschließende Mediationsanalysen, dass die stärkere Identifikation mit dem Heim und den Bewohnern der entscheidende Prozessfaktor ist, der die positiven Veränderungen erklären kann, d. h., die Gruppendiskussionen erhöhten die Identifikation und diese trug zur verbesserten Leistung bei.

Die Ergebnisse dieser Studie wurden in einer weiteren, ähnlichen Studie von Knight et al. (2010) bestätigt. Hier wurden 27 Heimbewohner kurz vor dem Umzug in eine neue Einrichtung in zwei Gruppen eingeteilt. Die erste Gruppe zog „nur" um, die zweite Gruppe konnte wieder selbst in Gruppen entscheiden, wie die neuen Flure gestrichen und eingerichtet werden sollten. Auch hier zeigte die zweite Gruppe über einen Zeitraum von fünf Monaten deutliche Verbesserungen in ihrer Identifikation und sie benutzte auch die Gemeinschaftsräume häufiger als die Heimbewohner in der ersten Gruppe.

Sich in Gruppen der Raumgestaltung von Altenheimen zu widmen, fördert also – das zeigen die obigen Studien eindrucksvoll – die Identität und den sozialen Zusammenhalt unter den älteren Menschen und trägt so zu ihrem Wohlbefinden bei. Zum Schluss dieses Kapitels möchte ich noch auf zwei Studien eingehen, die Ilka Gleibs von der Universität Surrey mit ihren Kollegen ebenfalls mit Altenheimbewohnern durchgeführt hat. Diesmal ging es aber nicht um die Raumgestaltung. In der ersten Studie (Gleibs

et al. 2011a) widmeten sich Gleibs und Kollegen dem Thema Wasser. Ältere Menschen, auch in Altenheimen, trinken
häufig viel zu wenig, da man mit zunehmendem Alter weniger Durst empfindet und der Körper Wasser weniger gut
speichern kann. Dies ist ein großes Problem, weil es durch
die Dehydrierung zu leichten Schwindelanfällen kommen
kann, die wiederum das Risiko für Stürze erhöhen. In englischen Heimen wurden daher vor einigen Jahren sog. Wasserklubs eingeführt, in denen sich die Älteren treffen und
sich über das Thema informieren und austauschen können.
Auch wenn es nur wenig Forschung zur Evaluation dieser
Klubs gibt, scheinen sie positive Effekte zu haben: Die Teilnehmer trinken tatsächlich mehr, stürzen seltener und berichten über bessere Gesundheit (s. BBC 2008).

Gleibs und Kollegen sind nun der Frage nachgegangen,
ob es tatsächlich die Informationen zum Thema Wasser
und das geänderte Trinkverhalten sind, die diese Effekte
auslösen, oder ob es nicht vielmehr die Tatsache ist, dass die
Heimbewohner etwas gemeinsam mit anderen unternehmen. 66 Bewohner mehrerer Altenheime wurden dazu per
Zufall in vier Gruppen eingeteilt. Die erste Bedingung war
eine Kontrollgruppe, bei der zweimal ohne jede Intervention gemessen wurde und in der die Teilnehmer gar nicht in
Gruppen, sondern einzeln acht Wochen lang jeweils einmal
pro Woche für eine halbe Stunde von einer Wissenschaftlerin aufgesucht wurden, die sich mit ihnen über aktuelle
Themen des Heims und des alltäglichen Lebens unterhielt.
In der zweiten Gruppe, dem Diskussionsklub, trafen sich
die Teilnehmer tatsächlich in Gruppen, wieder für acht
Wochen einmal pro Woche für eine halbe Stunde, um über
aktuelle Themen zu sprechen. Dabei wurden die Gruppen

von einem Moderator angeleitet. In der nächsten Bedingung, dem Wasserklub, trafen sich die Teilnehmer über den
gleichen Zeitraum in Gruppen und wurden von einem Moderator über das Thema Wasser informiert; sie diskutierten
gemeinsam und veranstalteten kleine Fragespiele rund um
das Wissensgebiet Wasser. Dabei wurde ihnen besonders
nahegelegt, täglich 8–10 Gläser Wasser zu trinken und ihr
Trinkverhalten zu notieren. In der letzten, der Nur-Wasser-
Bedingung, gab es die gleichen Informationen, die die Se-
nioren in den Einzeltreffen von einer Wissenschaftlerin er-
hielten. Sowohl in der Nur-Wasser- als auch in der Wasser-
klub-Bedingung wurden außerdem Wasserspender für die
Einzel- und Gemeinschaftsräume zur Verfügung gestellt.

Bei allen Teilnehmern wurden mit einem Fragebogen vor
und nach der achtwöchigen Maßnahme die Identifikation
mit dem Heim, die soziale Unterstützung und die Lebensqualität gemessen. Außerdem wurde jeweils zwölf Wochen
vor und nach der Maßnahme die Zahl der Arztbesuche erfasst. Gleibs und Kollegen schauten sich dann an, bei wie
vielen der Teilnehmer in den vier Bedingungen sich im
Vergleich zu den ersten Messungen die Werte verbessert,
verschlechtert bzw. nicht verändert hatten. Die Forscher
nahmen an, dass sich die Teilnehmer der Klubbedingungen
mehr verbessern würden als die in den Einzelbedingungen,
weil nur in den ersteren die gemeinsame Identität mit den
anderen Bewohnern gefördert wird. Genau dies bestätigten
die Analysen: Vor allem nahmen in den beiden Gruppen-
bedingungen die Wahrnehmung von sozialer Unterstützung zu und die Arztbesuche ab. Weitere Analysen (unsere
Freundin, die Mediationsanalyse!) zeigten, dass die größere soziale Unterstützung zu mehr Identifikation führt und

diese zu besserem Wohlbefinden beiträgt. Die Studie belegt also, dass es tatsächlich nicht die Informationen sind, die den Unterschied machen, sondern die *gemeinsame* Aktivität!

In der letzten Studie dieses Kapitels untersuchten Gleibs et al. (2011) wiederum Altenheimbewohner. Verglichen mit Frauen scheint es im Alter besonders den Männern schwer zu fallen, sich soziale Netze aufzubauen. Zum einen lernen Frauen schon als Mädchen mehr als Jungen, dass sie sich um soziale Kontakte kümmern sollen, zum anderen gibt es einfach weniger ältere Männer, die sich in (gleichgeschlechtlichen) Gruppen zusammentun können. Gleibs und Kollegen hielten aber diese Unterschiede nicht für gottgegeben, sondern gingen davon aus, dass selbst im höheren Alter Männer noch Gruppen bilden und von ihnen profitieren können. Sie untersuchten 26 Teilnehmer, die gebeten wurden, sich in gleichgeschlechtlichen Gruppen (Ladies' bzw. Gentlemen's Clubs) alle zwei Wochen zu treffen, um gemeinsam etwas zu unternehmen (z. B. Museumsbesuche, gemeinsame Essen, Filmnachmittage). Vier Wochen vor den ersten Gruppentreffen und zwölf Wochen später wurden die Identifikation mit den Gruppen, die Lebenszufriedenheit, Ängstlichkeit und Depressivität mit Fragebögen sowie die kognitive Leistungsfähigkeit mit kleinen Aufgaben gemessen. Bei den Frauen zeigte sich zwischen den beiden Messzeitpunkten kaum eine Veränderung – lediglich ihre kognitive Leistungsfähigkeit verbesserte sich in den zwölf Wochen. Bei den Männern ergaben sich dagegen durchgängig Verbesserungen. Während die Männer zum ersten Messzeitpunkt in allen Bereichen schlechtere Werte erzielten, unterschieden sie sich zum Ende der Studie nicht

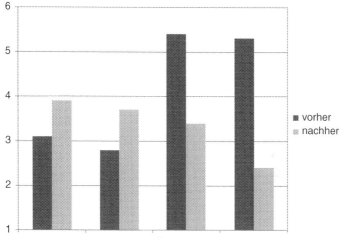

Abb. 12.3   Veränderungen der männlichen Heimbewohner

mehr von den Frauen. Abb. 12.3 zeigt die Veränderungen nur für die Männer. Wie man sieht, stiegen ihre Identifikation und Zufriedenheit deutlich an, während sich ihre Ängstlichkeit und Depressivität stark verringerten. Es zahlt sich also aus, vor allem für Männer, die hier offensichtlich stärkeren Bedarf haben, sich in Gruppen zu beteiligen!

Dass Identifikation sogar bei der Verarbeitung von Umweltkatastrophen helfen kann, belegt eine aktuelle Studie von Inoue et al. (2015). 2011 erlebte Japan das schwerste Erdbeben in seiner Geschichte. Das Beben und der damit verbundene Tsunami rissen über 20.000 Menschen in den Tod und lösten den Super-GAU im Atomkraftwerk Fukushima aus. Kurz nach dieser Katastrophe untersuchten Inoue und seine Kollegen die Identifikation von Besuchern von Fußballspielen in der betroffenen Region Japans. Dabei konnten sie zeigen, dass eine starke Identifikation mit der Heimmannschaft mit einem stärkeren Gefühl des Zusammenhalts der lokalen Gesellschaft verbunden war – die Autoren sehen diesen Zusammenhalt als einen Indikator für Wohlbefinden. Der Zusammenhang zwischen der Identifikation mit der Fußballmannschaft und dem Zusammenhalt in der Gesellschaft wurde wiederum vermittelt durch eine stärkere emotionale Unterstützung (z. B. Trost und Aufmunterung), die man von anderen Anhängern der Mannschaft bekam. Dagegen war instrumentelle Unterstützung (Rat, Geld, konkrete Hilfe) zwar mit dem Zusammenhalt in der Gesellschaft verbunden, aber nicht mit der Teamidentifikation – das bedeutet, dass Identifikation ihre positive Wirkung in diesem Kontext vor allem entfaltet, weil man sich gegenseitig Trost spendet und in der schweren Zeit beisteht, und nicht unbedingt, weil man tatsächlich praktisch unterstützt wird.

Insgesamt haben die verschiedenen Studien in diesem Kapitel gezeigt, dass es sich nicht nur lohnt, aktiv zu sein (z. B. Sport zu treiben, Wasser zu trinken oder Räume zu renovieren), sondern es sich sogar besonders auszahlt, diese Aktivitäten in Gruppen zu betreiben. Gerade in schweren Zeiten, nach Schlaganfällen, Krebserkrankungen, Hirnverletzungen oder im Alter ist es offensichtlich der Zusammenhalt in Gruppen, der einem über viele Probleme – selbst bei Katastrophen – hinweghelfen kann.

Literatur

BBC News (2008). How care home keeps elderly healthy. BBC News. http://news.bbc.co.uk/1/hi/7466457.stm. Zugegriffen 25 April 2015.

Gleibs, I. H., Haslam, C., Haslam, S. A., & Jones, J. M. (2011a). Water clubs in residential care: Is it the water or the club that enhances health and well-being? *Psychology & Health, 26,* 1361–1377.

Gleibs, I. H., Haslam, C., Jones, J. M., Haslam, S. A., McNeill, J., & Connolly, H. (2011b). No country for old men? The role of a ‚Gentlemens' Club' in promoting social engagement and psychological well-being in residential care. *Aging and Mental Health, 15,* 456–467.

Goldschmidt, Migal, K., Rückert, N., Van Dick, R., Becker, T., Richter, N., Lehner, F., & Baumann, U. (2015). Personal decision making processes for living related liver transplantation in children. *Liver Transplantation, 21,* 195–203.

Haslam, S. A., O'Brien, A. T., Jetten, J., Vormedal, K., & Penna, S. (2005). Taking the strain: Social identity, social support and the experience of stress. *British Journal of Social Psychology, 44,* 355–370.

Haslam, C., Holme, A., Haslam, S. A., Iyer, A., Jetten, J., & Williams, W. H. (2008). Maintaining group memberships: Social identity continuity predicts well-being after stroke. *Neuropsychological Rehabilitation, 18,* 671–91.

Haslam, C., Cruwys, T., & Haslam, S. A. (2014a). „The we's have it": Evidence for the distinctive benefits of group engagement in enhancing cognitive health in ageing. *Social Science and Medicine, 120,* 57–66.

Haslam, C., Haslam, S. A., Knight, C., Gleibs, I., Ysseldyk, R., & McCloskey, L. G. (2014b). We can work it out: Group decision-making builds social identity and enhances the cognitive performance of care residents. *British Journal of Psychology, 105,* 17–34.

Inoue, Y., Funk, D.C., Wann, D.L., Yoshida, M., & Nakazawa, M. (2015). Team identification and postdisaster social well-being: The mediating role of social support. *Group Dynamics: Theory, Research, and Practice*, forthcoming.

Jones, J. M., Haslam, S. A., Jetten, J., Williams, W. H., Morris, R., & Saroyan, S. (2011). That which doesn't kill us can make us stronger (and more satisfied with life): The contribution of personal and social changes to well-being after acquired brain injury. *Psychology & Health*, *26*, 353–369.

Jones, J. M., Williams, W. H., Jetten, J., Haslam, S. A., Harris, A., & Gleibs, I. H. (2012). The role of psychological symptoms and social group memberships in the development of posttraumatic stress after traumatic injury. *British Journal of Health Psychology*, *17*, 798–811.

Knight, C., Haslam, S. A., & Haslam, C. (2010). In home or at home? How collective decision making in a new care facility enhances social interaction and wellbeing amongst older adults. *Ageing and Society*, *30*, 1393–1418.

Schmidt, K., Vogt, L., Banzer, W., & Van Dick, R. (2015). Soziale Identität und Sport bei Krebspatienten. Unveröffentlichte Studie an der Goethe Universität Frankfurt.

13

Keine Rose ohne Dornen: negative Aspekte von Identifikation

Die Studien, die wir in diesem Buch zusammengetragen haben, zeigen aus den verschiedensten Perspektiven – d. h. kurz- und langfristig, mit Fragebögen und objektiven Methoden, mit Studenten im Labor oder im Feld mit den unterschiedlichsten Berufsgruppen –, dass geteilte Identität in der Gruppe bzw. hohe Identifikation mit Gruppen ein

Schlüssel zu effektiverem Umgang mit Stress und zu mehr Wohlbefinden ist.

Ist Identität also *das* Allheilmittel? Wir werden später noch darauf eingehen, was z. B. Führungskräfte tun können, um Identität in Arbeitsgruppen zu fördern. Aber sollten Führungskräfte dieses Mittel jederzeit anwenden und die Identifikation ihrer Mitarbeiter „bis zum Anschlag" erhöhen, um deren Belastbarkeit zu steigern – und um dadurch vielleicht den Druck auf bessere oder schnellere Arbeitsergebnisse weiter verstärken zu können? Und ist eine Identifikation mit jeder beliebigen Gruppe gleich effektiv? Oder gibt es Gruppen, deren Ziele und Normen vielleicht einer guten Gesundheit wenig zuträglich sind?

In diesem Kapitel werden wir gewissermaßen die Suppe etwas versalzen müssen, d. h., wir werden hier einige Studien darstellen, die die negativen Seiten von Identifikation beleuchten. Wir halten dies für sehr wichtig, um vor einem unkritischen Ausnutzen von Identifikationsprozessen zu warnen. Es sei aber an dieser Stelle bereits betont, dass die Mehrzahl der Studien die positiven Effekte von hoher Identifikation bestätigt. Man sollte es nur nicht übertreiben!

13.1 Identifikation bis zum Gehtnichtmehr?

Wenn ich Vorträge zu den positiven Effekten der Identifikation halte, kommt in der anschließenden Fragerunde fast immer die kritische Nachfrage, ob es nicht auch ein Zuviel an Identifikation geben kann. Lange konnte ich diese Frage nur damit beantworten, dass das theoretisch zwar vorstellbar sei, ich es in meinen Daten aber noch nicht gefunden habe. Mittlerweile haben wir allerdings auch empirische Belege dafür, dass Identifikation außerhalb eines „gesunden" Maßes auch schädlich sein kann.

Gemeinsam mit meinen italienischen Kollegen Lorenzo Avanzi, Franco Fraccaroli und Guido Sarchielli bin ich der Frage nach möglichen negativen Effekten in zwei Studien nachgegangen (Avanzi et al. 2012). Die erste Studie führten wir mit Sachbearbeitern an Gerichten durch, die zweite mit Lehrerinnen und Lehrern. Zuerst untersuchten wir die organisationale Identifikation der Teilnehmer mit den üblichen Fragen. Außerdem ermittelten wir das Ausmaß einer möglichen Arbeitssucht (Workaholismus) mit Aussagen wie „Es fällt mir schwer abzuschalten, wenn ich nicht bei der Arbeit bin" oder „Ich bleibe oft noch auf der Arbeit, nachdem meine Kollegen Feierabend gemacht haben". Und schließlich erfassten wir den Gesundheitszustand der Teilnehmer mit Aussagen wie z. B. „Ich fühle mich unglücklich und deprimiert". In beiden Studien verwendeten wir Fragebögen mit standardisierten Skalen, die bereits in vielen anderen Studien zum Einsatz kamen. Die Aussagen waren in beiden Studien gleich. Studie 1 war eine Querschnittsbefragung, d. h., alle Variablen wurden zeitgleich gemessen. Studie 2 war eine Längsschnittbefragung, d. h., zum ersten Zeitpunkt wurden die Studienteilnehmer nach ihrer Identifikation gefragt und sieben Monate später nach ihrer Arbeitssucht und ihrem Gesundheitszustand.

Mit den gewonnenen Daten konnten wir zwei Hypothesen testen, nämlich einmal, ob es einen sogenannten U-förmigen Zusammenhang zwischen Identifikation und Arbeitssucht gibt, und zum anderen ob dieser Zusammenhang dazu führt, dass Mitarbeiter mit besonders starker Identifikation einen schlechteren Gesundheitszustand haben. In der Regel denken wir Menschen eher in linearen Zusammenhängen – z. B. „je mehr Identifikation, desto geringer das Burnout". Wie bislang dargestellt, testen – und bestätigen – die meisten unserer Studien solche Zusammenhänge auch empirisch. Identifikation wirkt also positiv auf die Gesundheit. Wie wir ganz zu Beginn dieses Buches gesagt haben, erhöht Identifikation in der Regel auch die Motivation und die Leistung. Nun kann man annehmen, dass ein Zuviel an Identifikation auch zu einem Zuviel an Motivation führt, also dazu, dass sich der Mitarbeiter nur noch mit der Arbeit identifiziert und nichts anderes mehr hat, was ihm wichtig ist. Genau dies wird durch das Konzept der Arbeitssucht beschrieben: Arbeitssüchtige arbeiten immer hart, die Arbeit ist ihr zentraler Lebensinhalt, sie stellen die Ziele ihrer Organisation über ihre eigenen Bedürfnisse und nehmen sich nicht die nötige Zeit zur Erholung.

Abbildung 13.1 zeigt beispielhaft den in beiden Studien gefundenen Zusammenhang zwischen Identifikation und Arbeitssucht. Dieser folgt wie angenommen tatsächlich einer Kurve: Zunächst wirkt sich Identifikation leicht negativ auf die Arbeitssucht aus. Bis zu einem bestimmten Niveau führt mehr Identifikation also zu weniger Arbeitssucht – d. h., Menschen, die sich stark identifizieren, sind allgemein zufriedener, sie werden von den Kollegen unterstützt, können aber offensichtlich auch abschalten. Ab einem bestimmten Niveau, das etwa bei 80 % des Maximums der Skala liegt, steigt jedoch mit zunehmender Identifikation die Arbeitssucht deutlich an. (Übrigens: Wenn

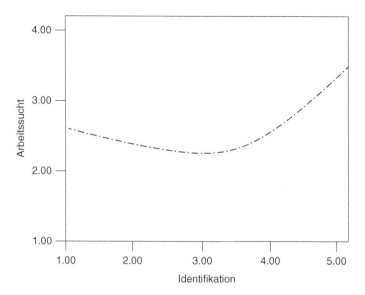

Abb. 13.1   Der kurvenförmige Zusammenhang zwischen Identifikation und Arbeitssucht

Sie sich die gestrichelte Linie mit etwas Fantasie ansehen, wissen Sie, warum wir Wissenschaftler bei solchen Zusammenhängen von einer U-Kurve sprechen).

Zur Überprüfung, ob diese U-förmigen, d. h. kurvilinearen Zusammenhänge auch statistisch bedeutsam sind, haben wir Regressionsanalysen gerechnet. Im ersten Schritt haben wir einige Variablen aufgenommen, um auszuschließen, dass die Zusammenhänge vielleicht in Wirklichkeit auf das Geschlecht oder Alter der Befragten zurückgehen. Anschließend gaben wir die Identifikation als linearen Faktor und dann als quadrierten Faktor (also einfach: die Identifikation zum Quadrat) in die Regression ein. Wie erwartet war dieser quadratische Faktor in beiden Studien statistisch signifikant. Dies bedeutet, dass der Zusammenhang zwischen Identifikation und Arbeitssucht tatsächlich kurvenförmig und nicht linear verläuft und zunächst einen positiven, dann aber negativen Effekt auf die Arbeitssucht hat.

Im nächsten Schritt rechneten wir wieder die schon mehrfach angesprochenen Mediationsanalysen, um die Unterschiede im Gesundheitszustand der Studienteilnehmer zu erklären. Wieder berücksichtigten wir zuerst Geschlecht, Alter und Arbeitszufriedenheit, dann nahmen wir die Identifikation in das Modell auf und schließlich die Arbeitssucht. Erwartungsgemäß war die Vorhersage der Gesundheit durch die Arbeitssucht in beiden Studien statistisch signifikant. Dies bedeutet, dass die Studienteilnehmer, je mehr sie von Workaholismus berichten, ihren eigenen Gesundheitszustand umso schlechter bewerten. Noch einmal zur Erinnerung: In Studie 1 haben wir die Teilnehmer gleichzeitig nach beiden Aspekten gefragt, in Studie 2 im Abstand von sieben Monaten. Teilnehmer, die zum ersten Zeitpunkt angaben, stärker von Arbeitssucht betroffen zu sein, klagten also sieben Monate später über eine schlechtere Gesundheit. Ein weiterer Analyseschritt zeigt, dass Arbeitssucht dann besonders stark negativ mit dem Gesundheitszustand zusammenhängt, wenn die Identifikation besonders hoch ausgeprägt ist; bei niedriger oder mittelhoher Identifikation dagegen korrelieren Arbeitssucht und Gesundheit kaum miteinander. Dies bedeutet, dass die Arbeitssucht nur dann negative Wirkungen auf die Gesundheit hat, wenn die Studienteilnehmer sich besonders stark identifizieren.

Unsere Ergebnisse sind eindeutig: Überidentifikation führt zu mehr Arbeitssucht und diese beeinträchtigt langfristig die Gesundheit. Die Befunde der beiden Studien sind annähernd identisch, obwohl es sich um Angehörige von zwei sehr unterschiedlichen Berufsgruppen handelt. Hervorzuheben ist außerdem, dass in der zweiten Studie zwischen der Messung von Identifikation, Arbeitssucht und Gesundheit ein Abstand von über einem halben Jahr lag und sich die Ergebnisse der ersten Studie bestätigten. Einschränkend muss aber gesagt werden, dass die Art der Befragung keine objektiven Daten zur Gesundheit wiedergibt. Wir wissen also streng genommen nicht, ob sich die Teilnehmer nur gesund bzw. krank *fühlen* oder ob sie es tatsächlich sind. Warum die Identifikation im Extrembereich zu deutlich stärkerer Arbeitssucht mit negativen Folgen für die Gesundheit führen kann, erklärt vielleicht auch ein Aspekt, den wir im nächsten Abschnitt diskutieren wollen: die Wirkung der jeweiligen Normen in der Gruppe. Möglicherweise arbeiteten die „bis zum Anschlag" identifizierten Teilnehmer in unseren beiden Studien ja an Gerichten oder in Schulen, in denen Gesundheitsaspekte systematisch vernachlässigt werden, während andere in Einrichtungen beschäftigt sind, in denen Gesundheit eine Rolle spielt – und in denen man sich gegenseitig vielleicht eher darauf aufmerksam macht, wenn es auch mal genug mit der Arbeit ist!

13.2 Wenn die Gruppe Dir nicht gut tut!

Wir haben in diesem Buch und besonders im einleitenden Kapitel gezeigt, wie gut eine starke Identifikation in der Regel ist: Identifizierte Mitarbeiterinnen und Mitarbeiter sind kreativer, kundenorientierter, leistungsorientierter usw. Klingt gut. Aber halt: Diese Zusammenhänge zwischen Identität und positiven Ergebnissen bei der Arbeit sind jeweils nur über einen kleinen Umweg zu erklären. Die Theorie der sozialen Identität sagt nämlich keineswegs, dass Identifikation immer zu positiven Ergebnissen führt, sondern dass Identifikation die Orientierung an den Zielen und Normen der Gruppe fördert. Unsere Studien in der Reisebürobranche (s. Kap. 14) zeigen eine größere Kundenorientierung bei stärker identifizierten Mitarbeitern, weil Kundenorientierung dort die Norm ist (Wieseke et al. 2007). Ebenso ergaben unsere Studien in Forschungs- und Entwicklungsabteilungen einen Zusammenhang zwischen Identifikation und Kreativität der Mitarbeiter (Hirst et al. 2009), weil Innovation dort das Hauptziel der Arbeit ist.

Aber was geschieht, wenn die Normen und Ziele weniger positiv sind? Ein ganz anschauliches Beispiel dafür liefern Gewerkschaften. Viele Mitarbeiter in Unternehmen sind ja bekanntlich gewerkschaftlich organisiert; folglich haben sie mit ihrem Unternehmen und ihrer Gewerkschaft zwei verschiedene Gruppen, mit denen sie sich identifizieren können, und zwar durchaus auch mit beiden gleich stark. Wenn nun die Gewerkschaft einen Streik beschließt, werden die besonders stark identifizierten Gewerkschaftsmitglieder dem Streikaufruf hoch motiviert nachkommen und sofort und gründlich die Arbeit ruhen lassen (während ich dieses Kapitel schreibe, erleben wir gerade abwechselnde Streiks der Lokführer und der Piloten …). Dies mag dann zwar ihrer Identifikation mit dem Unternehmen zuwiderlaufen und zu Gewissenskonflikten führen, ist aber im Sinne der Gewerkschaft gut und richtig. Eine stärkere Identifikation führt also in diesem Fall zu weniger Motivation und Leistung in Bezug auf das, was die Unternehmen (und die Kunden, wenn wir an Bahn- und Pilotenstreiks denken) erwarten. Auch Gruppennormen hinsichtlich gesundheitsrelevantem Verhalten können der eigenen Gesundheit zuwiderlaufen. In diesem Sinne entwickelte die US-amerikanische Psychologin Daphna Oyserman ein Modell zur Vorhersage negativer Gesundheitsfolgen von stärkerer Identifikation mit den – „falschen" – Gruppen.

Oyserman et al. (2014) beginnen ihr Modell mit der Feststellung, dass die Zugehörigkeit zu Gruppen, die in irgendeiner Weise benachteiligt sind, häufig mit schlechterer Gesundheit verbunden ist. Die Benachteiligung kann z. B. bestehen in niedrigem Einkommen, geringer Bildung oder auch darin, dass man Teil einer unterprivilegierten ethnischen Gruppe ist. Menschen aus diesen Gruppen haben unterschiedliche Einstellungen zum Thema Gesundheit, und obwohl alle Menschen natürlich motiviert sind, gesund zu sein und zu bleiben, wird diese Motivation nicht von allen gleichermaßen in Verhalten umgesetzt. Oyserman und Kollegen sagen aber zu Recht, dass es keinen automatischen und direkten Zusammenhang zwischen der Zugehörigkeit zu bestimmten Gruppen und Krankheit gibt, sondern dass dieser Zusammenhang über Gruppennormen, die sich auf das Verhalten der individuellen Gruppenmitglieder auswirken, vermittelt werden muss. Sich gesund zu verhalten, hat mit vielen bewussten und unbewussten Entscheidungen zu tun, die jeder Mensch im Alltag treffen muss. Zu gesundem Verhalten gehören eine gesunde Ernährung, ausreichend Sport (oder zumindest Bewegung) und ein Verzicht auf ungesunde Laster wie Alkohol, Zigaretten oder Drogen (um nur einige zu nennen). Nach Oyserman haben alle Menschen grundsätzlich die Wahl zwischen gesunden und ungesunden Verhaltensweisen. Aber für Angehörige bestimmter Gruppen ist es schwerer, sich für die Gesundheit zu entscheiden, weil sie das entsprechende Verhalten als nicht zu ihrer Gruppe passend empfinden. Dadurch wird dann gesundheitsbewussteres Verhalten als weniger wichtig oder weniger leicht durchzuführen interpretiert. Als Beispiel nennt Oysermann das Übergewicht, das häufig ganze Familien und nicht allein eine einzelne Person betrifft. Wenn meine Eltern und Geschwister deutliches Übergewicht haben, fällt es mir sicherlich schwerer, selbst mein Normalgewicht zu halten. Dies ist nicht nur der Fall, weil es möglicherweise genetische Faktoren gibt, die das Übergewicht in meiner Familie begünstigen, und auch nicht nur, weil meine Eltern beim Einkaufen und Kochen eher fett- und kalorienreiche Produkte wählen. Sondern es ist auch deshalb schwer, da ich mit Versuchen, mich ausgewogen zu ernähren, nicht zu meiner Familie „passen" würde und dadurch vielleicht anecke oder die anderen Witze über mich machen usw. (Ich selbst habe zwei jugendliche Kinder, die sich – auch weil es in ihren Freundeskreisen gerade „in" ist – vegetarisch ernähren. Daher weiß ich, dass solches Verhalten den familiären Speiseplan durchaus durcheinanderbringen und zu Diskussionen führen kann, obwohl mir natürlich bewusst ist, dass eine vegetarische Ernährung grundsätzlich eher gesundheitsförderlich ist.)

Um an das andere Ende des Spektrums zu blicken, ist ein extrem figurbetontes Ernährungsverhalten, wie es Models zeigen, ebenfalls nicht gerade gesundheitsförderlich – aber wie es Models ergeht, die hier „aus der Reihe tanzen", kann man sich durch die entsprechenden Sendungen im Reality-TV vorstellen. Das bedeutet, dass Menschen Dinge wie Übergewicht oder Rauchen immer anhand der derjenigen interpretieren, mit denen sie ihre Zeit verbringen. Und wenn meine ganze Umgebung raucht, sehe ich das Rauchen als viel weniger problematisch an, als wenn ich der einzige Raucher in meinem Freundeskreis bin. Dies ist mir persönlich aufgefallen, als meine Familie und ich 2006 von England nach Deutschland umgezogen sind. In England war in öffentlichen Gebäuden, in Restaurants und Kneipen das Rauchen schon länger verboten und daher gab es dort – zumindest an den Orten, an denen ich mich häufig aufhielt – eine Nichtraucherkultur. Als wir dann – mitsamt einem kleinen Baby – zum ersten Mal wieder in Deutschland sonntags auf ein Stück Kuchen in ein Café gingen, waren wir von der rauchgeschwängerten Luft so geschockt, dass wir das Café gleich wieder verließen. In den Jahren vor unserer Zeit in England war uns dies überhaupt nicht aufgefallen, obwohl wir auch zu der Zeit mit kleinen Kindern unterwegs waren.

Oyserman et al. (2007) haben diese Annahmen auch empirisch getestet und finden, dass unter schwarzen US-Amerikanern und unter Angehörigen der weißen amerikanischen Unterschicht tatsächlich gesundheitsschädliches Verhalten häufiger und gesundheitsförderliches Verhalten deutlich seltener ist als im Durchschnitt der Bevölkerung. Obwohl Joggen, Aerobics oder das Marathonlaufen praktisch amerikanische „Erfindungen" sind (ich übertreibe etwas) und sich viele Amerikaner tatsächlich sehr damit beschäftigen und gleichzeitig eine *low-carb diet* einhalten, ist es unter den Angehörigen der unteren Bildungs- und

Einkommensgruppen einfach nicht „cool", sich zu bewegen und sich gesund zu ernähren. Dort fährt man mit dem Auto zum Fastfoodrestaurant, weil es alle machen und weil man dort seine Freunde trifft. Auch das Rauchen ist gruppenspezifisch: Während unter den US-Amerikanern insgesamt weniger als 20 % der Erwachsenen rauchen, sind es unter der schwarzen Bevölkerung fast 50 % – dort ist es offensichtlich in vielen Kreisen nach wie vor „cool" mit dem Glimmstengel herumzulaufen; jemand, der sich im Freundeskreis dagegen ausspricht, würde nicht dazugehören.

Übrigens braucht man nicht zu denken, dass Identität nur in Gruppen aus bestimmten ethnischen Gruppen oder sozial schwachen Schichten das Potenzial für negative Gesundheitsnormen hat. In vielen Wirtschaftsprüfungskanzleien ist es z. B. „Tradition", nicht vor dem Dunkelwerden aus dem Büro zu gehen, und in manchen Unternehmensberatungen wird gerne einmal rund um die Uhr gearbeitet – das gehört zur Kultur, auf die man fast etwas stolz ist. Dass man als Angestellter in einer Metzgerei mehr Fleisch isst, ist vielleicht normal, aber besonders stark mit ihrem Beruf identifizierte Metzger ernähren sich möglicherweise von kaum etwas anderem. In Brauereien war es lange üblich, jedem Brauer zwei Liter Bier täglich nach Feierabend als „Haustrunk" mitzugeben. Ich will hiermit nicht sagen, dass jeder Brauereimitarbeiter Alkoholiker oder jeder Konditor zuckerkrank sein muss – aber man sollte darauf achten, ob es im eigenen Beruf vielleicht Normen gibt, die gesundheitsschädlich sind. Ich selbst habe zeitweise in Teams gearbeitet, die sich jeden Mittag in der Kantine das Schnitzel bestellten, wobei Salat oder Gemüse als unnütze Beilage galten. In anderen Gruppen, denen ich angehörte, war das

Rauchen so Teil der Kultur, dass eine Pause ohne Zigarette gar nicht vorstellbar war – und da kam schnell eine Packung Zigaretten während einer Arbeitsschicht zusammen. Der entscheidende Punkt hierbei ist, dass solch ungesundes Verhalten in der Gruppe deutlich länger aufrechterhalten wird, als wenn wir es alleine täten. Der Metzger, der in der Mittagspause einen Salat verzehrt, wird von seinen Kollegen vielleicht ausgelacht. Oder: Während meiner Bundeswehrzeit habe ich häufig erlebt, dass derjenige, der in der Pause keine Zigarette rauchte, als Erster für unangenehme Aufgaben eingeteilt wurde („Sie rauchen gerade nicht … kommen Sie doch mal mit").

13.3 „Junge Leute …"

Können Sie sich noch erinnern, wie es war, als Sie mit vierzehn, fünfzehn oder sechzehn mit Ihren Freundinnen und Freunden um die Häuser gezogen sind? Oder wie Sie mit achtzehn, vielleicht im ersten Urlaub ohne Eltern, nur mit Ihren Freunden unterwegs waren? Wohl jeder hat daran viele positive Erinnerungen, aber auch das eine oder andere Gefühl, dass man manche Dinge lieber nicht gemacht hätte und sie den eigenen Kindern eher nicht empfehlen würde. Der Konsum von vielleicht etwas zu viel Alkohol gehört z. B. dazu und selbst ein ehemaliger Präsident der USA und mancher deutsche Spitzenpolitiker gaben zu, irgendwann einmal einen Joint geraucht zu haben.

Ähnlich wie im vorangegangenen Abschnitt wollen wir uns im Folgenden eine Studie ansehen, die zeigt, dass der Aufbau eines sozialen Netzwerkes eventuell mit negativen

Gesundheitsaspekten verknüpft sein kann. Es handelt sich aber hierbei nicht um die dauerhafte, quasi seit Geburt bestehende Mitgliedschaft in einer Gruppe wie der ethnischen Gruppe oder der sozialen Schicht, sondern um eine temporäre Gruppe von Studierenden, die zusammen eine Sommerschule von sehr kurzer Dauer absolvierten. Jennifer Howell et al. (2014) nutzten nämlich ihre eigene Teilnahme an einer zweiwöchigen Sommerschule von Doktorandinnen und Doktoranden aus 26 Ländern für eine Studie, die aus insgesamt vier Teilen bestand. Im ersten Teil wurde allen 77 Teilnehmern gleich zu Beginn der Sommerschule eine Liste vorgelegt, in der sie alle namentlich aufgeführt waren. Nun sollten sie für jede einzelne Person angeben, ob sie diese kennen würden oder nicht. „Kennen" war recht breit definiert als „ich habe die Person bereits mindestens einmal getroffen, ich kenne ihren Namen und weiß, wie sie aussieht".

Der zweite Teil bestand aus einem umfangreicheren Fragebogen in der Mitte der Sommerschule, also nach etwa einer Woche. Hierin sollten die Teilnehmer eintragen, ob sie während der Sommerschule Sport treiben würden und wenn ja, wie viel. Darüber hinaus sollten sie Auskunft geben, wie viele alkoholische Getränke sie pro Tag im Durchschnitt der vergangenen Woche zu sich genommen hatten und wie viele Portionen Obst und Gemüse (s. den kleinen Exkurs zu „an apple a day" in Box 13.1) sie durchschnittlich gegessen hätten. Weiter wurde ihnen eine Reihe von neun Symptomen vorgelegt (Kopfschmerzen, Halsschmerzen, Magenbeschwerden usw.) und sie sollten für jedes Symptom angeben, wie häufig sie dieses in der vergangenen Woche erlebt hatten. Danach wurden sie nach ihrer Lebenszufriedenheit und ihrer Selbstwirksamkeit (mit Aussagen wie „Ich fühle, dass ich die Dinge, die während der Sommerschule wichtig sind, unter Kontrolle habe") gefragt und danach, wie sehr sie sich durch die anderen Teilnehmer der Sommerschule unterstützt fühlten. Außerdem sollten sie wiederum für alle 77 Teilnehmer einschätzen, wie eng sie sich mit ihnen verbunden fühlen würden.

Box 13.1   „An apple a day … keeps the doctor away"

Ein Apfel am Tag wird leider nicht reichen, um Sie dauerhaft vor Krankheiten zu bewahren. Aber kennen Sie die Regel, dass man für eine ausgewogene Ernährung pro Tag mindestens fünf Portionen Obst und Gemüse zu sich nehmen sollte? Schaffen Sie das? Dies ist die Empfehlung der Weltgesundheitsorganisation, nach der der regelmäßige Verzehr von mindestens 400 g Obst und Gemüse am Tag (jetzt können Sie sich ausrechnen, wie groß die fünf Portionen sein sollten …) mit einem geringeren Risiko für Herzinfarkt, Schlaganfall, Fettleibigkeit und Zuckerkrankheit einhergeht. Nach Empfehlungen der Deutschen Gesellschaft für Ernährungsforschung, die die 5-am-Tag-Regel ebenfalls unterstützt, sollten es sogar 650 g sein, die allerdings von der Mehrzahl der Deutschen kaum erreicht werden. Neuere Studien sagen zwar, dass erst der Verzehr von sieben bis acht Portionen Obst und Gemüse am Tag zu deutlichen positiven Gesundheitseffekten führen würde (Oyebode et al. 2014). Aber was für Sie selbst genau richtig ist, hängt natürlich auch von vielen anderen Faktoren ab. Wenn Sie z. B. stark rauchen, viel Alkohol konsumieren und sich nur wenig bewegen, kann Sie wahrscheinlich auch die beste Ernährung nicht dauerhaft gesund halten. Wenn Sie dagegen ausreichend Sport treiben und nicht genetisch vorbelastet sind, werden vermutlich auch drei oder vier Portionen Obst und Gemüse am Tag ausreichen, um Ihren Körper mit allem Notwendigen zu versorgen.

In der dritten Phase einige Tage nach dem Ausfüllen des Fragebogens wurden die Teilnehmer ins Labor eingeladen. Sie nahmen auf einem Stuhl Platz, wo sie an ein Messgerät angeschlossen wurden, dass ihren Blutdruck und Puls aufzeichnete – zuerst in einer Ruhephase und anschließend während sie anstrengende Mathematikaufgaben bearbeiten mussten. Dazu sollten sie insgesamt 4 min lang Zahlen addieren und hatten dazu immer weniger Zeit zum Rechnen.

Der letzte Teil fand zwei Monate nach dem Ende der Sommerschule statt. Die Autoren der Studie berechneten für jeden Teilnehmer das soziale Onlinenetzwerk, indem sie sich anschauten, wie viele Kontakte jeder Teilnehmer in seinem oder ihrem Facebook-Profil mit anderen Teilnehmern der Sommerschule hatte (junge Leute sind dort fast alle aktiv; von den 77 Teilnehmern hatten nur neun kein Facebook-Profil). Die Autoren berechneten dazu zunächst die Netzwerke aller Teilnehmer vor, während und nach der Sommerschule. Dies führte für jeden Teilnehmer zu drei Werten, die verglichen wurden und aus denen hervorging, welche Teilnehmer eher isoliert waren (weil sie vorher wenige oder gar keine Teilnehmer kannten, aber auch während der Sommerschule nur wenige Bekanntschaften schlossen) oder viele Kontakte während der Sommerschule knüpften.

Was bringt nun der Aufbau neuer sozialer Kontakte während einer solchen Aktivität? Können Sie sich an ähnliche Gelegenheiten erinnern? Vielleicht an die erste Klassenfahrt mit einer neuen Klasse, an ein Zeltlager oder einen Aktivurlaub mit Ihnen zuvor unbekannten Miturlaubern? Denken Sie, dass es generell gut ist, möglichst viele Kontakte einzugehen? Für die Teilnehmer der Sommerschule muss man diese Frage mit einem Ja und gleichzeitig einem Nein beantworten. Es kommt darauf an, welche Variable man sich anschaut. Die Ergebnisse der Studie zeigen einerseits einen deutlich erhöhten Alkoholkonsum und mehr körperliche Symptome, je mehr Kontakte aufgebaut worden waren. Wenn die Teilnehmer nach einer Woche angaben, sich vielen anderen Teilnehmern verbunden zu fühlen, hatten sie in der vorangegangenen Woche deutlich mehr getrunken und sich häufiger schlecht gefühlt. Ein Zusammenhang zwischen Alkoholkonsum und der Häufigkeit von Symptomen konnte nicht gefunden werden, d. h., Alkohol war nicht der einzige Grund, warum die Teilnehmer sich schlecht fühlten, aber vermutlich gab es eine Reihe von anderen Faktoren, die zu mehr Symptomen führten, nach denen aber nicht gefragt wurde und die man ebenfalls beim Vorhandensein von mehr Kontaktpersonen öfter zeigt; dies könnten etwa Rauchen oder zu wenig Schlaf sein. Ob man viele oder wenige Kontakte eingegangen war, hängt ebenfalls nicht zusammen mit der Tatsache, ob man Sport getrieben und wie viel Obst und Gemüse man verzehrt hatte.

Also, kein gutes Ergebnis: Mehr Kontakte erhöhen nicht die Wahrscheinlichkeit, dass man auch gemeinsam Sport treibt oder zusammen gesund kocht. Aber sie führen zu verstärktem Alkoholkonsum und zu deutlich größerer Wahrscheinlichkeit, körperliche Schmerzen zu erleben. Soll man sich also davor hüten, sich solchen Gemeinschaftsaktionen anzuschließen und lieber für sich allein bleiben? Schauen wir uns die anderen Ergebnisse an.

Zum einen haben wir ja die subjektiven Angaben der Teilnehmer zu ihrer Selbstwirksamkeit und ihrer Lebenszufriedenheit. In den beiden Bereichen waren positive Effekte eines größeren sozialen Netzes erkennbar: Wer mehr Kontakte hatte, war zufriedener und mehr davon überzeugt, Probleme in den Griff zu bekommen. Klar (und nicht ganz ernst gemeint): Wenn ich Alkohol trinke, denke ich auch immer, ich bin ganz toll und bekomme alles gut geregelt. Aber was geschieht objektiv? Während der Mathematikaufgaben im Labor nahmen die Teilnehmer mit mehr Kontakten deutlich weniger Stress wahr und ihr Puls und Blutdruck zeigten größere Ausschläge – was aus medizinischer Sicht gut ist, weil es zeigt, dass der Körper auf Belastungen gut reagiert.

Fazit: Ja, mehr soziale Kontakte können in einem Kontext wie einer Sommerschule dazu beitragen, dass man manche Dinge tut, die nicht unmittelbar gesundheitsförderlich sind. Man muss sich so eine Sommerschule ein wenig wie eine Klassenfahrt vorstellen und da spielt Alkohol ja ebenfalls häufig bei den gemeinsamen Aktionen eine Rolle (wenngleich man natürlich auch ohne Alkohol Spaß haben kann und sollte!). Und dass man häufiger Kopfschmerzen oder Magenbeschwerden hat, wenn man gemeinsam die Nächte durchmacht, ist sicherlich auch nichts, was man langfristig empfehlen würde. Andererseits kann man diese unbeabsichtigten „Nebeneffekte" eines größeren Netzwerkes vielleicht auch in Kauf nehmen: Offensichtlich waren die Teilnehmer mit mehr sozialen Kontakten nicht nur zufriedener, sondern zeigten auch bei den Matheaufgaben weniger Probleme und ihr Körper reagierte im Labor angepasster. Die Autoren selbst zitieren am Ende ihres Artikels den Spruch Homer Simpsons: „Du gewinnst mit Salat keine Freunde". Will heißen: Kurzfristig darf man beim Kennenlernen und im Umgang mit Freunden auch ruhig mal etwas über die Stränge schlagen. Langfristig profitiert man von einem größeren sozialen Netzwerk auch im Sinne der Gesundheit!

Literatur

Avanzi, L., Van Dick, R., Fraccaroli, F., & Sarchielli, G. (2012). The downside of organizational identification: Relationships between identification, workaholism and well-being. *Work & Stress, 26,* 289–307.

Hirst, G., Van Dick, R., & Van Knippenberg, D. (2009). A social identity perspective on leadership and employee creativity. *Journal of Organizational Behavior, 30,* 963–982.

Howell, J. L., Koudenburg, N., Loschelder, D. D., Fransen, K., De Dominicis, S., Weston, D., Gallagher, S., & Haslam, S. A. (2014). Happy but unhealthy: The relationship between social ties and health in an emerging network. *European Journal of Social Psychology, 44,* 612–621.

Oyebode, O., Gordon-Dseagu, V., Walker, A., & Mindell, J. S. (2014). Fruit and vegetable consumption and all-cause, cancer and CVD mortality: Analysis of health survey for England data. *Journal of Epidemiology and Community Health.* doi:10.1136/jech-2013–203500.

Oyserman, D., Fryberg, S., & Yoder, N. (2007). Identity-based motivation and health. *Journal of Personality and Social Psychology, 93,* 1011–1027.

Oyserman, D., Smith, G. C., & Elmore, K. (2014) Identity-based motivation: Implications for health and health disparities. *Journal of Social Issues, 70,* 206–225.

Wieseke, J., Ullrich, J., Christ, O., & Van Dick, R. (2007). Organizational identification as a determinant of customer orientation in service firms. *Marketing Letters, 18,* 265–278.

14

Was raten der Arzt, der Apotheker oder der Psychologe? Tipps für die Stärkung von Identität

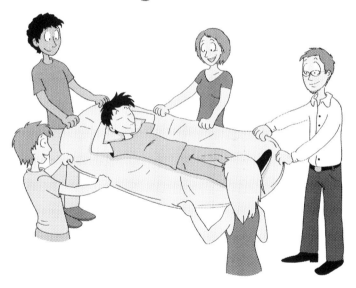

14.1 Sie sind Führungskraft?

Als Führungskraft haben Sie eine Reihe von Möglichkeiten, eine Teamidentität zu formen, zu stabilisieren oder zu verbessern. In diesem Abschnitt werde ich zunächst aufzeigen,

dass Führungskräfte in ihrer Identifikation mit gutem Beispiel vorangehen und dadurch sehr positive Effekte erzielen
können. Anschließend werde ich auf das Thema Teamarbeit
insgesamt etwas näher eingehen und schließlich einige Beispiele geben, wie man die Identität von Teams stärken kann.

14.1.1 Das Identitätstransfermodell oder: Stinkt der Fisch vom Kopf?

Führungskräfte sollten sich immer bewusst sein, dass sie für
ihre Mitarbeiter jederzeit Vorbild sind. In der Einschätzung
der Führungskraft ist das eigene Verhalten oft viel weniger
relevant als aus Sicht der Mitarbeiter – als Vorgesetzter bekommt man selbst gar nicht immer mit, wie die eigenen
Handlungen, z. B. eine unbedarft gemachte kritische Äu-
ßerung über das Top-Management oder das Unternehmen,
bei den Angestellten ankommen. Aus Mitarbeiterperspek-
tive hat das Wort des Chefs aber fast immer deutliches Ge-
wicht. Jede seiner Bemerkungen wird stark wahrgenommen, in Erinnerung behalten und ist für die Mitarbeiter
auch handlungsleitend – und das in einem Ausmaß, das
dem Chef selbst oft gar nicht bewusst ist. Dass die Be-
schäftigten untereinander über „die da oben" schimpfen,
kommt in fast jedem Unternehmen vor. Es gibt immer einmal Dinge, über die man sich zu Recht aufregen kann, und
seinem Ärger Luft zu machen, kann ja durchaus auch eine
befreiende Wirkung haben. Das Schimpfen der Kollegen
wird aber als wesentlich weniger wichtig bewertet, als wenn
der Chef die gleichen kritischen Dinge sagt. Denn der Chef
ist in einer ganz anderen Position. Per Definition sollte er
mehr Informationen haben, er ist in herausgehobener Stel-

lung und sei es nur in der Funktion des Teamleiters eines kleinen Teams von einem halben Dutzend Mitarbeitern. Die Untergebenen haben ja gelernt, dass sie den Anweisungen der Führungskraft in der Regel folgen sollen. Wenn der Chef in einem Meeting das Wort ergreift, hören normalerweise alle zu. Sich dies als Führungskraft immer wieder bewusst zu machen, ist bereits ein erster Schritt in Richtung besserer Führung. Selbstverständlich ist es Ihre Aufgabe, Entscheidungen der nächsthöheren Führungsinstanz zu kritisieren, wenn Sie sie für falsch halten. Aber bitte äußern Sie Ihre Kritik dort, wo sie hingehört: Also ziehen Sie nicht über Ihren eigenen Chef her, wenn Sie sich mit Ihren Mitarbeitern treffen, sondern sagen Sie ihm direkt und persönlich, was Sie stört. Andernfalls untergraben Sie mit Ihrer Kritik an Management und Unternehmen die Arbeitsmoral Ihrer Mitarbeiter nach dem Motto „Ja, wenn sogar unser Chef die Entscheidungen des Managements kritisiert, dann brauchen wir sie wohl kaum umzusetzen" oder schlimmer „Wenn selbst der Chef so schimpft, geht es mit unserem Laden offenbar wirklich bergab". Nun aber etwas positiver: Genauso wie Führungskräfte negative Äußerungen vermeiden und kein schlechtes Vorbild sein sollten, haben sie umgekehrt kaum zu überschätzende Möglichkeiten, mit gutem Beispiel voranzugehen und dadurch die Einstellungen und das Verhalten ihrer Mitarbeiterinnen und Mitarbeiter positiv zu beeinflussen. Und das gilt für alle Führungsebenen – vom Vorstandsvorsitzenden bis zum Gruppenleiter.

Wir haben dies im Bereich der Identifikation in den letzten Jahren vielfach untersucht und das sog. Identitätstransfermodell entwickelt (van Dick et al. 2007; Wieseke et al. 2009; van Dick und Schuh 2010; Schuh et al. 2012b). Das Modell ist in Abb. 14.1 dargestellt.

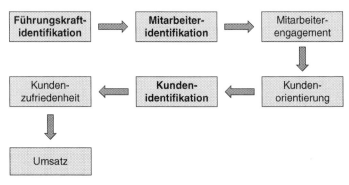

Abb. 14.1   Das Identitätstransfermodell

In vielen Studien haben wir herausgefunden, dass Führungskräfte, die sich selbst mit ihrem Unternehmen identifizieren, dazu beitragen, dass sich auch ihre Mitarbeiter stärker identifizieren. In ersten Studien haben wir z. B. Schulleiterinnen und Schulleiter sowie Lehrkräfte von über 60 Schulen nach ihrer Identifikation mit ihren Schulen gefragt und dabei einen Zusammenhang der beiden Identifikationen zeigen können: An Schulen, an denen sich die Schulleitung stark identifiziert, tun dies auch die Lehrerinnen und Lehrer. Diesen Zusammenhang konnten wir dann ebenfalls in der Pharmaindustrie, in Reisebüros und in therapeutischen Einrichtungen (z. B. Physiotherapiepraxen) bestätigen: Auch dort hängt die Identifikation der Führungskräfte jeweils mit der Identifikation ihrer Mitarbeiterinnen und Mitarbeiter zusammen. In einer Studie in der Reisebranche konnten wir den Zusammenhang sogar über mehrere Hierarchieebenen hinweg untersuchen. Wir befragten 22 Regionalleiter, die ihnen unterstellten fast 400 Leiterinnen und Leiter von Reisebüros und über 1000 Mitarbeiterinnen und Mitarbeiter dieser Agenturen. Wir fanden, dass die Identifikation der Regionalleiter sich auf die Reisebüroleiter übertrug, was wiederum positive Effekte auf die Identifikation der Mitarbeiter hatte. In dieser Studie konnten wir außerdem zeigen, dass eine stärkere Identifikation (sowohl der Leiter als auch der Mitarbeiter) mit dem objektiv gemessenen Umsatz der Reisebüros zusammenhing.

Nun kann man natürlich argumentieren, dass sich vielleicht gar nicht die Identifikation der Führungskraft auf die Mitarbeiter überträgt, sondern dass es genauso gut umgekehrt sein kann, dass nämlich die Mitarbeiteridentifikation Auswirkung auf die der Führungskräfte hat. Oder vielleicht beeinflussen sich die beiden Identifikationen gar nicht wirklich gegenseitig, sondern der Zusammenhang entsteht nur deshalb, weil sowohl die Mitarbeiter als auch die Führungskräfte sich in Reisebüros mit hohem Umsatz stärker identifizieren (da durch den Umsatz mehr Boni gezahlt werden oder das Arbeiten einfach mehr Spaß macht, wenn „der Laden brummt"). Wir haben in den Studien versucht, eine Reihe von wichtigen Variablen zu berücksichtigen, die für den Zusammenhang möglicherweise relevant sind (z. B. bei den Lehrern die Größe der Schule oder die Schulart, bei den Reisebüros die Lage der Reisebüros oder die Anzahl der Mitarbeiter). Trotzdem können wir nicht ausschließen, dass der Zusammenhang zustande kommt, weil die Mitarbeiter ihre Führungskräfte beeinflussen und nicht umgekehrt.

Um die Richtung des Zusammenhangs zu überprüfen, haben wir daher einige Experimente durchgeführt (van Dick und Schuh 2010). In der ersten Studie haben wir den Studienteilnehmern (berufstätige Personen) eines von zwei kleinen Szenarien zu lesen gegeben, in denen sich der Chef

einer mittelständischen Bäckerei in einem Statement an seine Mitarbeiter wendet. In beiden Versionen äußerte er sich
positiv über die Zukunft des Unternehmens. In einer Version wurde er als Enkel des Firmengründers dargestellt und
er bezog seinen Optimismus aus der Tradition des Unternehmens. In der anderen Version wurde er als angestellter
Geschäftsführer beschrieben, der optimistisch war, weil er,
wie es hieß, schon vorher Schwierigkeiten erfolgreich be-
wältigt hatte. Die Versuchsteilnehmer wurden nun gebeten einzuschätzen, wie identifiziert der Chef sei und wie
stark sie sich selbst (fiktiv) mit dem Unternehmen identifizieren würden. Wie erwartet nahmen die Teilnehmer
den angestellten Geschäftsführer als weniger identifiziert
wahr und identifizierten sich in dieser Version weniger mit
dem Unternehmen. Einem Chef aus der Gründerfamilie,
der sich auf die gute Tradition des Hauses beruft, wird also
offensichtlich – und entsprechend unserer Hypothesen –
mehr Verbundenheit zugeschrieben, was positive Effekte
auf die eigene (fiktive) Identifikation hat.

In der zweiten Studie führten wir ein echtes Laborexpe-
riment mit Studierenden als Versuchsteilnehmern durch.
Wir luden immer zwei Studierende in unser Labor ein,
wo sie auf eine angeblich dritte Versuchsperson trafen, die
in Wirklichkeit ein weiterer Versuchsleiter war. Die Drei-
ergruppe sollte mit Legosteinen möglichst hohe Türme
bauen und „per Zufall" wurde immer die dritte angebliche
Versuchsperson als Teamleiter ausgewählt, der nicht mit
bauen sollte, sondern Start- und Stoppkommandos geben,
auf die Zeit achten und das Ganze überwachen musste. In
der Hälfte der Gruppen zeigte sich dieser „Teamleiter" als
stark identifiziert, indem er mehrfach Äußerungen machte

wie „Wir sind gut" oder „Wir schaffen das". In der anderen Hälfte der Gruppen sagte er dagegen „Ihr seid gut" oder „Ihr schafft das" – er war also genauso positiv, verdeutlichte aber durch seine Bemerkungen in der zweiten Bedingung, dass er selbst sich weniger als Teil der Gruppe sah als in der ersten Bedingung. Entsprechend zeigte sich auch wie erwartet, dass sich die (echten) Versuchspersonen in der ersten Bedingung stärker mit dem Team identifizierten – und auch mehr Legosteine verbauten, also eine höhere Leistung erbrachten! Wie in Box 7.1 oben erläutert, nehmen diese Laborexperimente überhaupt nicht in Anspruch, dass man ihre Ergebnisse ohne Weiteres auf die „wirkliche Welt" übertragen kann. Sie belegen aber, dass die Richtung des Identitätstransfers tatsächlich von der Führungskraft zum Mitarbeiter verläuft. Und selbst wenn die umgekehrte Richtung damit immer noch möglich ist (warum auch nicht?), kann man aus diesen Experimenten, zusammen mit den Ergebnissen der Feldstudien, die im vorangegangenen Absatz besprochen wurden, folgendes Fazit ziehen: Es lohnt sich, wenn Führungskräfte sich mit ihren Gruppen (Teams, Abteilungen, Unternehmen) identifizieren, denn dies überträgt sich auf die Mitarbeiter!

Wie wir oben schon erwähnt haben, wirkt sich die Identifikation der Mitarbeiter auch wieder positiv auf den Umsatz aus. Dies ergibt sich über den Umweg des Kunden: Wenn die Führungskräfte sich identifizieren, tun es auch die Mitarbeiter (vgl. Abb. 14.1). Sie sind folglich besonders engagiert – auch deshalb, weil sie besser mit Stress und Belastungen umgehen können – und das kommt bei den Kunden gut an. In weiteren Studien haben wir gezeigt, dass sich dementsprechend auch die Kunden mehr mit den Unternehmen identifizieren, was zu größerer Loyalität und mehr Umsatz führt.

Die Identifikation der Führungskraft hat also eine doppelte Bedeutung. Zum einen hilft sie im Sinne der Kernthese dieses Buches der Führungskraft selbst bei ihrem Umgang mit eigenem Stress. Führungskräfte können sogar davon profitieren, dass sie eine weitere Gruppe haben, mit der sie sich identifizieren können. Ein Abteilungsleiter ist ja immer auch Mitglied der Abteilung, die er führt; er kann sich mit dieser identifizieren und sich von seinen Untergebenen Hilfe bei Problemen holen usw. Er ist aber zusätzlich ebenso Mitglied der Gruppe der Führungskräfte und die Identifikation mit dieser Gruppe ist eine weitere Ressource, die bei Bedarf die daran gebundene soziale Unterstützung von anderen Führungskräften aktivieren kann. Zum anderen aber wirkt, wie wir gerade gesehen haben, die Identifikation der Führungskraft ansteckend und überträgt sich auf die Mitarbeiterinnen und Mitarbeiter, die davon wiederum auch im Sinne der Belastungsbewältigung profitieren.

Wie bringen Führungskräfte nun aber „rüber", dass sie sich identifizieren? Schauen wir uns noch einmal die in Abschn. 2.2 vorgestellten Aussagen an, mit denen wir Identifikation messen können. Wenn die Führungskraft Aussagen wie „Wenn ich von meinem Team spreche, sage ich ‚wir' und nicht ‚sie'", „Wenn meine Abteilung in den Medien kritisiert wird, nehme ich das als persönliche Beleidigung wahr" oder „Die Erfolge meines Unternehmens sind auch meine Erfolge" stark zustimmt, sollte sich dies auch in ihrem Verhalten niederschlagen und beobachten lassen. Die Führungskraft steht sowieso unter ständiger Beobachtung

der Mitarbeiter, sie leitet die regelmäßigen Abteilungsmee-
tings, hält Ansprachen bei sozialen Gelegenheiten wie Ge-
burtstagen oder Jubiläen und sie spricht natürlich auch in
vielfältiger Form im Eins-zu-eins-Kontakt mit ihren Untergebenen. Diese bekommen natürlich durch die Sprache
mit, ob der Chef stolz ist, wenn das Team eine gute Leistung gebracht hat, oder ob er es verteidigt, wenn es von
außen kritisiert wird. Und ob die Führungskraft „wir" sagt,
ist ebenfalls direkt beobachtbar.

Die Führungskraft hat aber darüber hinaus Möglichkeiten, die eigene Identifikation herauszustellen und gleichzeitig die Teamidentität zu stärken, z. B. durch Hervorheben von Erfolgen, gerade im Vergleich zum Wettbewerber, durch Verweise auf gemeinsame Geschichten, durch
Rituale usw. Wir werden weiter unten noch genauer auf
solche Möglichkeiten eingehen. Zunächst möchte ich aber
ein weiteres Konzept vorstellen, für das die Forschung ein
enormes Potenzial für Führungserfolg gefunden hat, nämlich die Prototypikalität der Führungskraft.

14.1.2 Prototypikalität der Führungskraft

Mit Prototypikalität ist gemeint, wie gut die Führungskraft
die Identität der Gruppe repräsentiert. Dies kann durchaus in etwa dem Durchschnitt der Gruppe entsprechen,
es kann aber auch eine besonders vom Durchschnitt ab-
weichende Person sein, die am meisten prototypisch ist.
Wenn es sich z. B. um ein Team in der Forschung und
Entwicklung in einem Automobilkonzern handelt, ist eine
Führungskraft prototypisch, die dort schon länger arbeitet,
einen Abschluss als Maschinenbauingenieur besitzt und

selbst schon die eine oder andere Idee zu einer Produktent-
wicklung hatte, die umgesetzt wurde. Eine Führungskraft,
die in diesem Bereich eine Abteilung leitet, selbst aber ein
betriebswirtschaftliches Studium absolviert hat und vor allem auf Leistungen in der Projektakquise verweisen kann,
mag die richtige Person am richtigen Platz sein; sie wird
von ihren Mitarbeitern aber vermutlich als sehr viel weniger prototypisch wahrgenommen werden. Ebenso ergeht
es häufig Frauen in „Männerberufen". Eine Chefin bei der
Polizei oder der Feuerwehr wird als weniger prototypisch
angesehen als ein Mann – umgekehrt ist ein Mann als Leiter eines Kindergartens weniger prototypisch als eine Frau.

Ullrich et al. (2009) haben zwei Studien zur Wirkung
von mehr oder weniger Prototypikalität durchgeführt. In
der ersten Studie wurden Studierende, die der Partei der
Grünen nahestehen (das wurde in einem Vortest ermittelt),
also Personen, die sich mit den Grünen identifizieren, mit
einem von zwei Szenarien konfrontiert. Im ersten Szenario
wurde der Leiter eines Ortsverbandes der Grünen als prototypisch für die Partei beschrieben: Er hatte Politikwissen-
schaften studiert, war in der Friedensbewegung aktiv, äußerte sich gegen Atomkraft und für den Ausbau des öffentlichen Personennahverkehrs. In der weniger prototypischen
Bedingung wurde der Leiter dargestellt als jemand, der
über einen ingenieurwissenschaftlichen Studienabschluss
verfügte sowie in Sportvereinen aktiv war und für Steuer-
senkungen eintrat. Anschließend wurde in beiden Szenarien geschildert, dass der Leiter im Stadtparlament kürzlich
für die Ansiedlung eines Chemieunternehmens gestimmt
hatte, das zwar schlecht für die Umwelt sei, aber lokal 200
neue Arbeitsplätze schaffen würde. In der Hälfte der Sze-

narien hatte der Leiter dies eigenständig entschieden, in der anderen Hälfte hatte er vorher die Meinung der Parteimitglieder eingeholt. Nachdem die Versuchsteilnehmer mit einem der vier Szenarien (aus der Kombination der beiden Faktoren Führungskraft wenig oder stark prototypisch und Führungskraft beteiligt die Mitglieder bei wichtigen Entscheidungen bzw. beteiligt sie nicht) konfrontiert worden waren, sollten sie anhand mehrerer Aussagen angeben, wie sehr sie den Leiter allgemein unterstützen würden. Erwartungsgemäß gab es eine positive Beziehung zwischen der Beteiligung der Mitglieder und dem Ausmaß an Unterstützung: Anhänger der Grünen mögen es offensichtlich nicht, wenn die Entscheidungsträger allein entscheiden. Allerdings war dieser Zusammenhang in der Bedingung des weniger prototypischen Leiters deutlich stärker als bei dem prototypischen Leiter. Das bedeutet, dass der prototypische Leiter es sich eher erlauben kann, seine Mitglieder nicht in wichtige Entscheidungen mit einzubeziehen – er wird trotzdem unterstützt.

Dieses Ergebnis replizierten Ullrich und Kollegen in der zweiten Studie, und zwar in einer Befragung von über 400 Mitarbeitern aus ganz verschiedenen Unternehmen und Branchen. Diesmal sollten die teilnehmenden Angestellten ihre Identifikation mit dem Unternehmen einschätzen; außerdem sollten sie sowohl die Prototypikalität ihrer direkten Führungskraft beurteilen und sagen, wie sehr die oder der Vorgesetzte sie als Mitarbeiter bei Entscheidungen beteiligt. Und schließlich sollten die Angestellten noch angeben, wie sehr sie ihre Führungskraft unterstützen würden. Für diejenigen, die sich nur gering mit dem Unternehmen identifizierten, spielte die Prototypikalität keine

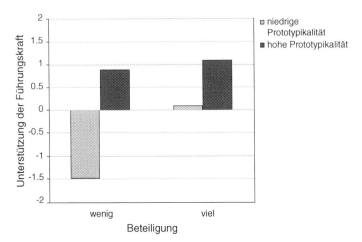

Abb. 14.2   Der Einfluss der Prototypikalität der Führungskraft

große Rolle. Ihnen war die Beteiligung wichtig und je mehr sie über Beteiligung berichteten, umso eher unterstützten sie auch ihre Führungskraft. Anders sieht es bei den stark identifizierten Mitarbeitern aus. Wie aus Abb. 14.2 hervorgeht, werden prototypische Vorgesetzte immer unterstützt – gleichgültig, ob sie ihre Mitarbeiter unterstützen oder nicht. Ein weniger prototypischer Chef muss seine Untergebenen dagegen sehr stark beteiligen, um überhaupt etwas unterstützt zu werden. Lässt er seine Mitarbeiter aber nicht am Entscheidungsprozess teilhaben, wird ihm jegliche Unterstützung entzogen.

Was kann eine Führungskraft tun, um bei den Mitarbeitern prototypisch anzukommen? Zum einen kann die Führungskraft immer wieder auf Gemeinsamkeiten mit der Teamidentität hinweisen. Die Frau, die eine Polizeigruppe mit lauter Männern leitet, kann z. B. darauf verweisen, welche Situationen sie im aktiven Dienst bereits sehr gut gemeistert hat, und sie kann durch die Uniform und ihre Sprache dazu beitragen, als „eine von uns" angesehen zu werden. Ein Mann, der einen Kindergarten leitet, kann seine eigenen Kinder zu Festen mitbringen und demonstrieren, wie kinderlieb er ist. Führungskräfte können aber die Identität der Gruppe auch aktiv gestalten und sich dadurch prototypischer „machen". Denken Sie z. B. an Ursula von der Leyen, die 2014 als erste Frau in der Geschichte der Bundesrepublik Verteidigungsministerin wurde. Eine Frau ist nach wie vor in fast allen Bereichen der Bundeswehr (außer vielleicht im Sanitätsdienst) die Ausnahme und eine weibliche Führungsperson ist hier daher zunächst sehr viel weniger prototypisch als ein Mann – selbst wenn die männlichen Vorgänger von Frau von der Leyen auch nicht alle in der Bundeswehr Wehrdienst geleistet hatten. In den ersten Wochen nach Amtsantritt hat Ursula von der Leyen jedoch eine Reihe von Themen lanciert, die ihre Person mit ihren Erfahrungen und Kompetenzen als Frau, aber vor allem als frühere Ministerin für Familie und Soziales in das Zentrum rückten: Die Bundeswehr sollte auf einmal ein attraktiver Arbeitgeber werden, bei dem auf die Work-Life-Balance geachtet und Kinderbetreuung angeboten werden sollte; zudem sollten Soldaten für die Betreuung von Kindern oder die Pflege kranker Angehöriger in Teilzeit arbeiten können – alles Themen, die man nicht unbedingt mit dem Soldatsein verbindet (s. van Dick 2015).

Gemeinsam mit Niklas Steffens von der Universität Queensland und anderen Kollegen konnten wir in einer Studie zeigen (Steffens et al. 2014a), dass Führungskräfte die Identität von Teams tatsächlich aktiv gestalten können – zumindest sehen das ihre Mitarbeiter so. Dazu befragten wir über 600 Mitarbeiterinnen und Mitarbeiter verschiedener US-amerikanischer Unternehmen. Die Befragten arbeiteten in Teams mit durchschnittlich zwölf Kollegen und waren im Durchschnitt seit 3 Jahren mit dem gegenwärtigen Teamleiter zusammen. Unser Interesse richtete sich auf das Burnout und das Arbeitsengagement der Teilnehmer und wir baten sie, die Leistungsfähigkeit ihrer Teams einzuschätzen. Außerdem wollten wir wissen, wie sehr ihre Führungskraft die Teamidentität aktiv gestalten, also Identitätsmanagement betreiben würde. Dazu gaben wir ihnen folgende vier Aussagen aus dem Identity Leadership Inventory von Steffens et al. (2014b) vor: „Meine Führungskraft trägt dazu bei, dass wir uns alle als Teil der Gruppe fühlen", „Meine Führungskraft schafft ein Gefühl des Zusammenhalts in der Gruppe", „Meine Führungskraft hilft uns zu verstehen, was es bedeutet, Teil des Teams zu sein" und „Meine Führungskraft trägt dazu bei, dass alle Gruppenmitglieder die Werte und Ideale des Teams kennen". Die Ergebnisse sind in Abb. 14.3 schematisch dargestellt. Wie erwartet, stieg die Teamleistung an, wenn die Mitarbeiter ein stärkeres Engagement angaben, und sie fiel ab, wenn sie über mehr Burnout berichteten. Entscheidend ist aber, dass das aktive Identitätsmanagement zu weniger Burnout und mehr Engagement führt.

Steffens et al. (2014b) führten weitere Studien zum Identitätsmanagement von Führungskräften durch. Steffens und Kollegen bezeichnen dieses Identitätsmanagement als Identity Entrepreneurship und drücken den Kern dieser Aktivität aus als „crafting a sense of us", also übersetzt

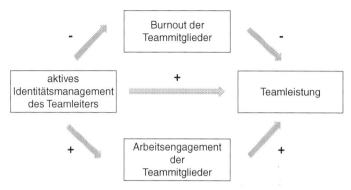

Abb. 14.3 Positive Einflüsse von aktivem Identitätsmanagement

„dem Team eine Identität geben". Sie ergänzten diese Skala noch durch drei weitere Aspekte, die Führungskräfte aktiv nutzen können, um die Identität von Teams und Organisationen zu fördern. Dazu gehört zum einen die schon oben beschriebene Prototypikalität („being one of us" oder „einer von uns sein") sowie das sogenannte Identity Impressarioship („making us matter" oder „uns einen Sinn verleihen") und das Identity Advancement („doing it for us" oder „es für uns tun"). In vier verschiedenen Studien mit insgesamt fast 2000 Teilnehmern aus den USA, China und Belgien konnten sie zeigen, dass die vier Aspekte tatsächlich leicht unterschiedliche Dinge messen, diese aber auch eng zusammengehören (vgl. Abb. 14.4). Eine gute Führungskraft sollte sich also auf alle vier Bereiche konzentrieren. Wenn sie es schafft, dem Team einen Sinn und eine Identität zu geben, und selbst als jemand wahrgenommen zu werden, der das Team repräsentiert und sich für es einsetzt, wird dies sehr positive Wirkungen haben. In den Studien von Stef-

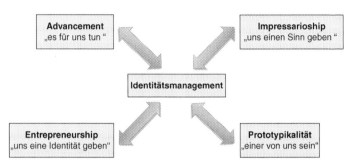

Abb. 14.4   Die Facetten des Identitätsmanagements

fens und Kollegen zeigt sich, dass alle vier Aspekte mit den Einstellungen der Mitarbeiter zusammenhängen. Ist ihre Führungskraft ein guter Identitätsmanager, identifizierten sich die Teammitglieder stärker, sie waren zuversichtlicher, engagierten sich mehr, hatten eine höhere Arbeitszufriedenheit, unterstützten sich gegenseitig mehr und sie nahmen ihre Führungskraft auch als einflussreicher wahr.

Was kann eine Führungskraft konkret tun, um die Identität zu managen? Wie könnte dies praktisch aussehen? Über die Prototypikalität haben wir oben bereits gesprochen – die Führungskraft kann entweder das, was sie repräsentativ für die Gruppe macht, herausstellen nach dem Motto „Tue Gutes und rede darüber". Oder, wenn sie nicht gerade typisch für die Gruppe ist, kann sie versuchen, die Gruppe so zu verändern, dass sie als typischer wahrgenommen wird, so wie in dem oben angesprochenen Beispiel mit Ursula von der Leyen. Für die anderen drei Bereiche schauen wir uns einfach einmal die konkreten Aussagen an, die Steffens und Kollegen für ihre Studien verwendet haben.

Wie oben beschrieben, sind dies für die Skala des Identity Entrepreneurship Aussagen wie „Meine Führungskraft trägt dazu bei, dass alle Gruppenmitglieder die Werte und Ideale des Teams kennen". Entsprechend zu handeln, sollte jeder Führungskraft möglich sein, aber wie das Vorgehen konkret aussieht, wird sicherlich von der Hierarchiestufe, der Größe des Teams oder auch dem Umfeld und der Branche abhängen. Die Werte eines Teams von Softwareentwicklern in der Spieleindustrie werden sich vermutlich von denen in der Staatsanwaltschaft unterscheiden – hier kommt es auf Kreativität und Veränderungsbereitschaft usw. an, dort vielleicht eher auf Verschwiegenheit und Gründlichkeit. Wichtig ist aber, dass das Team sich der Werte überhaupt bewusst wird.

Für die Facette des Identity Advancement benutzten Steffens und Kollegen u. a. folgende Aussagen: „Meine Führungskraft verteidigt die Gruppe" oder „Wenn die Führungskraft handelt, hat sie immer die Interessen der Gruppe vor Augen". Teammitglieder spüren sehr gut, ob die Führungskraft die Interessen der Gruppe oder nur ihre eigenen Interessen vertritt. Natürlich darf eine Führungskraft auch persönliche Ziele haben und verfolgen. Aber es ist vor allem Aufgabe der Führungskraft die Ziele der Gruppe durchzusetzen – im besten Fall (und auch hier kann man natürlich aktiv gestalten) sind diese Ziele deckungsgleich mit den eigenen. Was tut z. B. ein Teamleiter, wenn der Abteilungsleiter Einsparungen fordert? Dies werden die Teammitglieder genau beobachten. Will der Teamleiter vor allem dem Abteilungsleiter gefallen, weil er auf einen Bonus hofft, und erklärt er sich deshalb mit den Einsparungen einverstanden, auch wenn das für das Team sehr viel weniger Ressourcen bedeutet? Oder verteidigt der Teamleiter die Interessen des Teams und versucht, so viele Ressourcen wie möglich zu behalten, und bezieht die Teammitglieder in Entscheidungen oder vielleicht sogar Proteste gegen das Topmanagement mit ein? Kurzfristig wird dies sicher nicht gerade förderlich für sein Standing im Management sein. Langfristig könnte sich ein solches Verhalten aber auszahlen – weil die loyalen und identifizierten Mitarbeiter alles tun, um die Ziele zu erreichen und ihn zu verteidigen, wenn es darauf ankommt.

Die Facette des Identity Impressarioship schließlich wurde gemessen mit Aussagen wie „Meine Führungskraft schafft Strukturen, die für uns als Gruppe wichtig sind" oder „Meine Führungskraft organisiert Veranstaltungen, um die Gruppenmitglieder zusammenzubringen". Solche Veranstaltungen und Strukturen würden helfen, dass sich alle Teammitglieder tatsächlich als Teil der Gruppe begreifen. Was das genau ist, wird dort, wo man eher locker nach Feierabend miteinander ein Bier trinken gehen kann, einen etwas anderen Charakter haben als vielleicht in einem Vorstandsteam, wo man sich vermutlich eher auf dem Golfplatz verabredet. Wichtig ist auch hier, dass man überhaupt etwas gemeinsam unternimmt und dass die Führungskraft der jeweiligen Gruppe dies unterstützt, aktiv fördert und mit gutem Beispiel vorangeht. Zu Identity Impressarioship kann z. B. auch gehören, dass man die Initiative für eine Teamentwicklungsmaßnahme ergreift und dafür die nötigen Ressourcen bereitstellt. Über Teamentwicklung werden wir im nächsten Kapitel berichten.

14.2 Sie sind Mitglied eines Teams?

In diesem Kapitel haben wir mit der Rolle der Führungskraft begonnen. Führungskräfte haben eine besondere Verantwortung für den Aufbau bzw. die Stärkung der Teamidentität und verfügen auch über die größten Möglichkeiten, etwas zu bewirken. Zum Beispiel können sie eine Teamentwicklungsmaßnahme initiieren und für die nötigen Rahmenbedingungen (inklusive der finanziellen und personellen Ressourcen) sorgen. Das bedeutet aber nicht, dass nicht jedes Teammitglied auch etwas tun kann und tun sollte, um zu einer starken Teamidentität beizutragen.

Schlägt der Teamleiter etwa eine Teamentwicklungsmaßnahme oder einfach ein kurzes Retreat vor, sollten alle Teammitglieder dies auch unterstützen. Es gibt immer Nörgler, die den Sinn darin nicht sehen, den Extra Aufwand scheuen oder die sich einfach dumm dabei vorkommen, außerhalb des Büros Zeit mit ihren Kollegen zu verbringen. Dies ist aber gut investierte Zeit! Regelmäßige Auszeiten, bei denen man über die Ziele nachdenkt, neue Prozesse diskutieren oder einfach einmal neue Teammitglieder kennen lernen kann, sind grundsätzlich positiv für den Erfolg von Teams (West 1996; van Dick und West 2013).

Wenn Ihr Teamleiter solche Maßnahmen nicht von sich aus vorschlägt, dann ergreifen Sie die Initiative. Sie könnten ja klein beginnen und zunächst etwa ein Feierabendbier vorschlagen, bei dem man sich etwas näher kennen lernt. Und danach kann man auch einmal einen halben Tag außerhalb des Büros gemeinsam verbringen. Idealerweise besteht eine gelungene Teamentwicklungsmaßnahme aus einer guten Mischung aus Aktivitäten, die auch durchaus Spaß machen können (gemeinsam wandern oder klettern gehen, Sport treiben o. Ä.), und inhaltlicher Arbeit an den Zielen und Werten der Gruppe. Van Dick und West (2013) haben einige konkrete Übungen vorgestellt, mit denen man die Werte des Teams und ein Leitbild entwickeln kann; darauf soll hier aber nicht im Einzelnen eingegangen werden. An dieser Stelle möchte ich vielmehr über eine eigene Studie berichten, in der wir eine Teamentwicklungsmaßnahme sorgfältig evaluiert haben – dies ist nämlich gar nicht so häufig der Fall, wie man erwarten würde. Gemeinsam mit Anne Hämmelmann habe ich die insgesamt 32 Mitglieder von drei verschiedenen Teams vor und nach einer Teamentwicklungsmaßnahme verglichen mit 24 Mitgliedern aus zwei anderen Teams ohne eine solche Maßnahme (Hämmelmann und van Dick 2013). Die fünf Teams kamen aus unterschiedlichen Branchen (Bildung, Telekommunikation) und hatten unterschiedliche Funktionen; so bestand ein Team z. B. aus Betriebsratsmitgliedern.

Zum ersten Zeitpunkt, direkt vor der Maßnahme, sollten alle Teilnehmer der fünf Teams per Fragebogen ihre Identifikation mit ihrem Team einschätzen. Außerdem fragten wir sie nach der sozialen Unterstützung im Team und nach ihrer Gruppenselbstwirksamkeit, also ihrer Überzeugung, gemeinsam in der Gruppe Probleme lösen zu können. Drei der fünf Teams nahmen danach an einer zweitägigen Teamentwicklung eines externen Anbieters teil. Diese bestand, wie oben beschrieben, aus einer Mischung aus Übungen zum gegenseitigen Kennenlernen, aus Outdooraktivitäten und aus inhaltlicher Arbeit an gemeinsamen Zielen und Wegen zu deren Erreichung. Gleich am Ende des zweiten Tages fand eine Wiederholungsmessung statt. Nun könnte

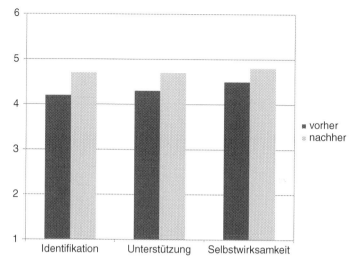

Abb. 14.5 Auswirkungen einer Teamentwicklung

man sagen, dass am Ende eines netten Events außerhalb des Büros die Stimmung wahrscheinlich immer gut ist. Dass das nicht so sein muss, werden wir gleich sehen, wenn ich die Ergebnisse zeige. Aber um diesem potenziellen Einwand zu begegnen, haben wir die Teilnehmer nach sechs Wochen noch einmal befragt. So konnten wir auch feststellen, ob die Veränderungen Bestand hatten. Die Ergebnisse lassen positive Veränderungen für die Trainingsgruppen und keine Veränderungen für die Kontrollgruppen erkennen. Abb. 14.5 zeigt die Veränderungen zu Beginn und nach sechs Wochen für die Gruppen, die an der Maßnahme teilgenommen hatten.

Wir haben uns anschließend aber die einzelnen Teams noch genauer angesehen. Abb. 14.6 stellt für die Teams der

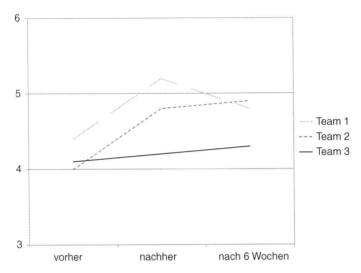

Abb. 14.6 Veränderungen der Identifikation vor und nach einer Teamentwicklung

Maßnahme die Entwicklung der Teamidentifikation im Zeitverlauf dar (die Ergebnisse für die Unterstützung und die Selbstwirksamkeit waren ganz ähnlich). Wie erwartet und wie es schon Abb. 14.5 ja nahelegt, haben die Teams 1 und 2 von der Maßnahme profitiert. Gleich am Ende des zweiten Tages war ihre Identifikation wesentlich stärker als vor der Maßnahme und die Mitglieder bleiben auch nach sechs Wochen auf diesem höheren Niveau. Dagegen veränderte sich das dritte Team so gut wie gar nicht.

Hierzu muss man wissen, dass dieses das Team der Betriebsratsmitglieder war, die sich untereinander kaum kannten und auch nur selten tatsächlich zusammenarbeiteten, da sie auf unterschiedliche Standorte verteilt waren.

Hier kann eine Teamentwicklung durchaus auch (zumindest anfänglich) dazu führen, dass Konflikte ausbrechen und man sich unterschiedlicher Einstellungen, Werte oder Ziele überhaupt erst bewusst wird. Grundsätzlich zeigt die Studie aber, dass Teamentwicklungsmaßnahmen durchaus sinnvoll sind und den Teams dabei helfen können, eine geteilte Identität zu entwickeln. Die einzelnen Mitglieder müssen jedoch mitziehen und dies auch wollen.

Um einen positiven Effekt zu erzielen, muss es keineswegs immer eine große Maßnahme sein. Es wäre durchaus ratsam, sich mindestens einmal im Jahr, besser alle sechs Monate, eine kurze Auszeit zu nehmen und sich z. B. einmal 2–4 h in einem Meetingraum zusammenzusetzen und über Werte und Ziele zu sprechen. Zumindest sollte man dies immer dann tun, wenn neue Mitglieder zum Team stoßen oder alte das Team verlassen. Auch besondere Erfolge oder Niederlagen können ein guter Anlass für die Auszeit zur Reflexion sein.

Im Arbeitsalltag können es aber auch kleinere Dinge und Rituale sein, die die Teamidentität verstärken. Lädt man sich bspw. gegenseitig auf einen Kaffee ein, wenn jemand Geburtstag hat? Wird regelmäßig ein Sekt aufgemacht, wenn es einen größeren Erfolg zu feiern gibt? Gibt es einen Teamspruch, ein Motto oder einen Song, der bei bestimmten Anlässen gesungen wird? Auch dies funktioniert sicher nicht in jedem Bereich gleich gut, aber wenn Rituale zum Team passen, lassen sie sich einfach umsetzen und können viel zur Identität beitragen. Gibt es bei Ihnen das Ritual, sich gemeinsam zu bestimmten Anlässen als Team zu fotografieren? In den Marburger Behringwerken (die heute schon lange nicht mehr so heißen) wird nach wie vor die

Tradition gepflegt, sich vor gemeinsamen Teamevents vor einer bronzenen Pferdestatue (Emil von Behring gewann sein Serum aus Pferden) fotografieren zu lassen – solche Kleinigkeiten schweißen zusammen!

14.3 Sie sind selbstständig, immer allein im Vertrieb unterwegs oder arbeiten im Home-Office? Oder Sie sind nicht (mehr) berufstätig?

Im vorangegangenen Abschnitt habe ich einige einfache Techniken beschrieben, wie Teams durch gemeinsame Aktivitäten eine Identität entwickeln können. Heute wird aber zunehmend im Home-Office gearbeitet bzw. es gibt Teammitglieder, die durch ihre Tätigkeit im Vertrieb fast nie oder nie gleichzeitig im Büro sind oder die geographisch weit voneinander getrennt sind (vielleicht sogar durch verschiedene Zeitzonen). Manches Unternehmen nutzt überdies die Strategie des „Hotdesking", um Kosten zu senken. Dies bedeutet, dass Mitarbeiter im Wesentlichen von zuhause aus oder von unterwegs arbeiten. Und wenn sie doch ins Büro kommen, schnappen sie sich einen freien Schreibtisch und schließen dort ihr Notebook an. So kann man Raum und Kosten sparen. Aber welche Auswirkungen hat es auf die Identifikation, wenn man nur unregelmäßig im Unternehmen ist und dort kein eigenes Büro oder noch nicht einmal einen eigenen Arbeitsplatz hat? Kann man die Nachteile solcher Arbeitsarrangements durch die neuen Möglichkeiten der elektronischen Kommunikation ausgleichen?

Millward et al. (2007) haben diese Fragen in einer Stichprobe von 140 Angestellten in der Finanzbranche untersucht. Alle Mitarbeiter waren einen beträchtlichen Teil ihrer Arbeitszeit außerhalb des Büros tätig, z. B. zuhause oder vor Ort bei Klienten. Etwa die Hälfte der Befragten hatte im Büro feste Schreibtische, die andere Hälfte arbeitete in einem „Hotdesking"-Arrangement, d. h., sie hatten keine eigenen Schreibtische, sondern nahmen sich jeweils einen freien Schreibtisch in einer dafür vorgesehenen Zone. Zunächst zeigte sich, dass die Mitarbeiter, die keine festen Schreibtische hatten, sich zwar stärker mit der Organisation als Ganzer identifizierten als die Mitarbeiter mit festen Schreibtischen. Allerdings ging dies auf Kosten der Identifikation mit dem Team – hier gab es deutlich geringere Werte für die Mitarbeiter ohne feste Schreibtische. Man kann nun nicht einfach sagen, dass es ja gleichgültig ist, ob man sich mit dem Team oder der Organisation identifiziert. Denn obwohl Identifikation mit der Organisation natürlich auch gut ist, erweist sich für den tatsächlichen Umgang mit Stress und Belastungen doch die Teamidentifikation als wichtiger: Das Team ist schließlich der Ort, an dem man sich die Unterstützung und den Rat der Kollegen holen kann. Anschließende qualitative Analysen der Kommentare, die die Befragten machen konnten, bestätigten dieses Ergebnis. 92 % der positiven Kommentare in Bezug auf die Schreibtische (z. B. „ich habe ein Zuhause in der Firma", „einen Anker haben", „hält das Team zusammen") kamen von Mitarbeitern mit festen Schreibtischen; wie man an den Beispielen sieht, haben gerade die positiven Kommentare durchaus etwas mit der Identität zu tun. In weiteren Analysen konnten Millward und Kollegen zeigen, dass elektronische Kommunikation zumindest für die Identifikation mit der Organisation wichtig ist. Mitarbeiter ohne festen Schreibtisch wissen die Möglichkeit, elektronisch mit ihren Kollegen zu kommunizieren, mehr zu schätzen als Mitarbeiter mit festen Schreibtischen und je mehr sie elektronische Kommunikation wertschätzen, umso mehr identifizieren sie sich mit der Organisation. Elektronische Hilfsmittel wie E-Mail, SMS und Messenger-Systeme können also bei solchen Arbeitsarrangements durchaus nützlich sein.

In diesem Kapitel habe ich vor allem dargestellt, was wir bei der Arbeit tun können, um Gruppenidentitäten aufzubauen, zu erhalten oder besser zu nutzen. Dass ich mich auf die Arbeitswelt konzentriert habe, hat mehrere Gründe: Zum einen verbringen die meisten von uns dort einen sehr großen Teil des Lebens. Marie Jahoda (1983) hat bereits vor langer Zeit festgestellt, dass die Arbeit nicht nur wichtig ist, um unseren Lebensunterhalt sicherzustellen, sondern dass sie eine Reihe weiterer Funktionen erfüllt: Sie verleiht unserem Tagesablauf Struktur, sie gibt unserem Leben Sinn und sie ermöglicht uns, Erfahrungen zu machen und Kontakte zu knüpfen, die über den privaten Bereich hinausgehen. Neuere Studien bestätigten diese Funktionen (Paul und Batinic 2010) und stellten fest, dass Arbeitslosigkeit gerade aufgrund des Verlustes dieser zusätzlichen Funktionen mit schlechterer physischer und psychischer Gesundheit einhergeht (Paul und Moser 2009).

Ich möchte aber hier zum Schluss noch hervorheben, dass die Theorie der sozialen Identität selbstverständlich nicht auf Arbeitskontexte beschränkt ist. Im Gegenteil, wir gehören alle jederzeit auch im Privat- und Freizeitbereich einer Vielzahl von Gruppen an. Wie die Studien z. B. von Haslam oder Baumann und ihren jeweiligen Kollegen an Herzinfarktpatienten oder Leberspendern gezeigt haben, kann eine starke Identifikation mit dem Familien- oder Freundeskreis enorm positive Wirkungen haben. Die meisten Menschen haben die Möglichkeit, sich im engeren oder weiteren Familienkreis Gesprächspartner zu suchen – man muss aber aktiv in diese Beziehungen investieren. Frauen tun dies gewöhnlich mehr als Männer. Sie haben sozusagen ein „eingebautes Facebook" und kümmern sich seit Urzeiten mehr um ihre sozialen Netzwerke, was ein Grund dafür sein könnte, dass sie nach dem Tod ihrer Partner in der Regel länger leben als Männer, deren Partnerinnen sterben (Stroebe et al. 2001). Stirbt der Partner, bleibt den Frauen ihr soziales Netzwerk – stirbt dagegen die Partnerin, verliert der Mann häufig auch das soziale Netzwerk, um dessen aktive Pflege sich immer die Frau kümmerte.

Aber auch außerhalb der Familie gibt es Möglichkeiten für soziale Kontakte. Sind Sie Mitglied in einem Sportverein oder haben Sie andere Hobbies, die Sie gemeinsam mit anderen Menschen pflegen können? Sind Sie neugierig und haben Spaß, neue Sprachen zu lernen – dann kaufen Sie sich keine CDs, die Sie allein zuhause hören, sondern lernen Sie die Sprache in der Volkshochschule und schließen Sie dabei gleichzeitig neue Bekanntschaften. Wie steht es um Ihre Nachbarschaft? Haben Sie dort Kontakte? Wenn nicht, ist es vielleicht mal wieder Zeit, ein Haus- oder Straßenfest zu organisieren.

In Kap. 4 haben wir z. B. davon berichtet, dass die Identifikation mit einer religiösen Gruppe ebenfalls positiv mit

Gesundheit zusammenhängt; auch hier gibt es also Möglichkeiten. Tewari et al. (2012) konnten bspw. zeigen, dass die Teilnahme an religiösen Ritualen positive Gesundheitseffekte haben kann. Ihre Studie fand im Kontext des Magh Mela statt, einem religiösen Treffen der Hindus am Zusammenfluss der Flüsse Ganges und Yamuna; jährlich nehmen daran mehrere Millionen Menschen teil. Tewari und Kollegen verglichen 400 Teilnehmer einer Pilgerreise mit 130 nicht an dem Fest teilnehmenden Hindus, die hinsichtlich Alter, Bildung usw. sehr vergleichbar waren. Während des Events leben die Pilger für einen ganzen Monat in engen Zelten und unter schlechten hygienischen Bedingungen, bei denen man eher von Gefahren für die Gesundheit ausgehen könnte. Daher ist es nicht trivial, dass die Pilger, die einen Monat vor und einen Monat nach der Veranstaltung einen Fragebogen zu ihrem Gesundheitszustand ausfüllen mussten, bei der zweiten Erhebung ihre körperliche Verfassung als deutlich verbessert einschätzten, während es in der Kontrollgruppe keine Veränderungen gab. Also: Auch ein religiöses Event bietet die Möglichkeit, etwas gemeinsam mit (vielen) anderen zu unternehmen und dabei die Identität der Gruppe zu stärken.

Sie sehen, es gibt viele Möglichkeiten, mit anderen gemeinsam etwas zu unternehmen. Man muss nur beginnen und dann sind diese Gruppen eine reiche Quelle für Identifikation und Unterstützung. Nutzen Sie sie!

Auch für Verantwortliche im Gesundheitsbereich – seien es Politiker, Führungskräfte im betrieblichen Gesundheitsmanagement, Gesundheitsbeauftragte usw. – bietet die Theorie der sozialen Identität eine gute Grundlage. Jetten et al. (2014) beschreiben eine ganze Reihe von Interventionen, etwa zur Überwindung von Alkoholkrankheit, bei denen die Bildung von Gruppen mehr brachte, als wenn der oder die Einzelne etwas zu ändern versucht. Bei jeder Intervention können sich die Verantwortlichen fragen, ob es bereits Gruppen oder Teams gibt, auf denen man aufbauen kann. Wenn ja, sollte man deren Zusammenhalt und Identität stärken (z. B. durch Teambuilding, wie oben beschrieben). Wenn nein, dann lautet die nächste Frage, welche Gruppen man aktivieren oder welche man ganz neu aufbauen könnte – aber die Gruppe ist die Lösung, nicht der oder die Einzelne!

Literatur

Van Dick, R., & Schuh, S. C. (2010). My boss' group is my group: Experimental evidence for the leader-follower identity transfer. *Leadership & Organization Development Journal, 31,* 551–563.

Van Dick, R., & West, M. A. (2013). *Teamwork, Teamdiagnose und Teamentwicklung* [2. erw. Aufl.]. Göttingen: Hogrefe.

Van Dick, R., Hirst, G., Grojean, M. W., & Wieseke, J. (2007). Relationships between leader and follower organizational identification and implications for follower attitudes and behaviour. *Journal of Occupational and Organizational Psychology, 80,* 133–150.

Van Dick, R. (2015). Entrepreneurin der neuen Identität. Ursula von der Leyen und die neue Sozialpsychologie der Führung. *Human Resources Manager.* http://www.humanresourcesmanager. de/ressorts/artikel/entrepreneurin-der-neuen-identitaet-13204. Zugegriffen 26. März 2015.

Hämmelmann, A., & Van Dick, R. (2013). Entwickeln im Team – Effekte für den Einzelnen: Eine Evaluation von Teamentwicklungsmaßnahmen. *Gruppendynamik und Organisationsberatung, 44,* 221–238.

Jahoda, M. (1983). *Wieviel Arbeit braucht der Mensch?* Weinheim: Beltz.

Jetten, J., Haslam, S. A., Haslam, C., Dingle, G., & Jones, J. M. (2014). How groups affect our health and well-being: The path from theory to policy. *Social Issues and Policy Review, 8,* 103–130.

Millward, L. J., Haslam, S. A., & Postmes, T. (2007). The impact of hot desking on organizational and team identification. *Organization Science, 18,* 547–559.

Paul, K. I., & Batinic, B. (2010). The need for work: Jahoda's manifest and latent functions of employment in a representative sample of the German population. *Journal of Organizational Behavior, 31,* 45–64.

Paul, K. I., & Moser, K. (2009). Unemployment impairs mental health: Meta-analyses. *Journal of Vocational Behavior, 74,* 264–282.

Schuh, S. C., Egold, N. W., & Van Dick, R. (2012a). Towards understanding the role of organizational identification in service settings: A multilevel, multisource study. *European Journal of Work & Organizational Psychology, 21,* 547–574.

Schuh, S. C., Zhang, X.-A., Egold, N. W., Graf, M. M., Pandey, D., & Van Dick, R. (2012b). Leader and follower organizational identification: The mediating role of leader behavior and implications for follower OCB. *Journal of Occupational and Organizational Psychology, 85,* 421–432.

Steffens, N. K., Haslam, S. A., Kerschreiter, R., Schuh, S. C., & Van Dick, R. (2014a). Leaders enhance team members' health and well-being by crafting social identity. *Zeitschrift für Personalforschung/German Journal of Research in Human Resource Management, 28,* 173–194.

Steffens, N. K., Haslam, S. A., Reicher, S. D., Platow, M. J., Fransen, K., Yang, J., Ryan, M. K., Jetten, J., Peters, K., & Boen, F. (2014b). Leadership as social identity management: Introducing the Identity Leadership Inventory (ILI) to assess and validate a four-dimensional model. *The Leadership Quarterly, 25,* 1001–1024.

Stroebe, M., Stroebe, W., & Schut, H. (2001). Gender differences in adjustment to bereavement: an empirical and theoretical review. *Review of General Psychology, 5,* 62–83.

Tewari, S., Khan, S. S., Hopkins, N. P., Srinivasan, N., & Reicher, S. D. (2012). Participation in mass gatherings can benefit well-being: Longitudinal and control data from a north Indian Hindu pilgrimage event. *Plos One, 7*(10), e47291.

Ullrich, J., Christ, O., & Van Dick, R. (2009). Substitutes for procedural fairness: Prototypical leaders are endorsed whether they are fair or not. *Journal of Applied Psychology, 94,* 235–244.

West, M. A. (1996). Reflexivity and work group effectiveness: A conceptual integration. In M. A. West (Ed.), *Handbook of work group psychology* (S. 555–579). Chichester: Wiley.

Wieseke, J., Ahearne, M., Lam, S. K., & Van Dick, R. (2009). The role of leaders in internal marketing. *Journal of Marketing, 73,* 123–145.

15
Fazit

Wenn man als Führungskraft über ein aktives Identitätsmanagement Einfluss nimmt, erreicht man dadurch (s. Kap. 14, unsere Studie mit Steffens et al. 2014) auch mehr Leistung – das ist gut und wichtig und natürlich auch eine der Kernaufgaben eines Vorgesetzten oder Firmenchefs. Entscheidend hier ist aber, dass diese Leistungssteigerung nicht dauerhaft die Kräfte der Mitarbeiter übersteigt. Ein aktives Identitätsmanagement wird auch dazu führen, dass die Teammitglieder sich gegenseitig unterstützen, sodass sie mit Belastungen besser umgehen können – und sie werden *gemeinsam* etwas gegen zu starke Belastungen tun.

Ein Team, das keine starke Identität und hoch identifizierte Mitarbeiter hat, wird ständig mit dem Problem von Fehlzeiten, Dauerkrankheit und Kündigung zu tun haben. Wenn aber permanent einige Kollegen fehlen, haben alle anderen natürlich noch mehr zu arbeiten bzw. die Arbeit bleibt liegen und die Kunden beschweren sich, was wiederum den Druck auf alle erhöht. Gibt es aber eine geteilte Identität, die so beschaffen ist, dass man sich gegenseitig mag und wertschätzt, werden alle lieber zur Arbeit gehen und auch das Team nicht verlassen wollen. Kommt es zu weniger Kündigungen und entsteht mehr Stabilität, profitieren alle, weil nicht dauernd neue Kollegen gesucht und eingearbeitet werden müssen usw.

Und schließlich gibt es auch einfach zu starke Belastungen und Arbeitsbedingungen, die uns krank machen und die selbst mit gegenseitiger Unterstützung nicht zu bewältigen sind. An diesem Punkt führt aber eine geteilte Identität im Team dazu, dass man gemeinsam etwas unternimmt und sich etwa bei der Geschäftsleitung beschwert oder den Kunden sagt, wo die Grenzen sind. Der Einzelne traut sich so etwas nicht. Deshalb ist es nicht nur im Sinne der Führungskräfte, dass Teams starke und geteilte Identitäten entwickeln, sondern auch im Interesse der Mitarbeiter.

Ich habe in diesem Buch ebenfalls auf die Studien hingewiesen, die sich Probleme und Gefahren von (zu starker) Identifikation angesehen haben. Nicht jede Gruppe ist gut für uns und nicht jedes Maß an Identifikation ist ein gesundes Maß. Ich möchte aber noch einmal deutlich sagen, dass die ganz überwiegende Mehrheit der Studien und auch unsere eigene Metaanalyse (s. Kap. 4) zeigen, dass eine starke Identifikation positive Auswirkungen hat.

Zusammengenommen belegen also die vielen Studien, über die ich berichtet habe, dass soziale Identität tatsächlich zentral für unser Wohlergehen und Wohlbefinden ist. Eine geteilte soziale Identität bildet die Grundlage für das Geben und Nehmen sozialer Unterstützung. Dadurch werden Stressoren als weniger belastend angesehen; das geht einher mit dem gesteigerten Gefühl, dass man etwas verändern kann. Umgekehrt führen das Fehlen oder ein Rückgang sozialer Identität zu negativem Verhalten, erhöhtem Stress, Burnout und Depression. Praktisch bedeutet das, der Schlüssel für unser Wohlbefinden liegt darin, Gruppen so zu stärken, dass sie geteilte Identitäten entwickeln und sich die Mitglieder gegenseitig unterstützen.

Das Problem dieser Schlussfolgerung ist, dass sie dem entgegen läuft, was klinische Psychologen, Mediziner und auch wir Sozialpsychologen lange angenommen haben: dass nämlich die Ursache von Stress und Burnout im Individuum zu finden ist. Der herkömmlichen Auffassung zufolge ist das Individuum fehlangepasst und kommt mit den Belastungen nicht klar; dementsprechend wurden Persönlichkeitsunterschiede oder Copingverhalten untersucht, die belastbare von weniger belastbaren Individuen unterscheiden.

Und was macht man, wenn ein Individuum nicht mit den Belastungen zurechtkommt? Man schickt es in eine Kur, man verordnet eine Rückenschule, man gibt Medikamente – so lange, bis das Individuum wieder funktioniert. Und jetzt möchte ich noch einmal das Zitat von Nils Minkmar aus der FAZ wiederholen und sagen, dass fast alles, was wir gegen Stress tun etwa so ist, als würde „man den Arbeitern einer Asbestfabrik empfehlen, zu Hause besser Staub zu wischen, um ihre Lungen vor Krebs zu schützen". Wir glauben, dass man Arbeitsbedingungen, die nicht gut sind, verändern muss, und vertreten die Ansicht, dass man Gruppen in die Lage versetzen muss, das zu tun. Sie sollen fähig und bereit sein, sich gegenseitig zu unterstützen, um die lösbaren Probleme miteinander in Angriff zu nehmen; bei Problemen, die so nicht zu bewältigen sind, sollen die Teammitglieder versuchen, gemeinsam eine positive Veränderung der Arbeitsbedingungen herbeizuführen.

Literatur

Steffens, N. K., Haslam, S. A., Kerschreiter, R., Schuh, S. C., & Van Dick, R. (2014). Leaders enhance team members' health and well-being by crafting social identity. *Zeitschrift für Personalforschung/German Journal of Research in Human Resource Management, 28,* 173–194.

Sachverzeichnis

Printed in the United States
By Bookmasters